江苏省文化产业引导资金文化艺术精品项目
江苏省“十三五”重点图书出版规划项目

江孜城市与建筑

汪永平　沈芳　著

City and Architecture in Gyantse

Himalayan Series of Urban and Architectural Culture

行走在喜马拉雅的云水间

序

2015年正值南京工业大学建筑学院（原南京建筑工程学院建筑系）成立三十周年，我作为学院的创始人，在10月举办的办学三十周年庆典和学术报告会上，汇报了自己和团队自1999年以来走进西藏、2011年走进印度，围绕喜马拉雅山脉17年以来所做的研究。研究成果的体现，便是这套“喜马拉雅城市与建筑文化遗产丛书”问世。

出版这套丛书（第一辑15册）是笔者和学生们多年的宿愿。17年来我们未曾间断，前后百余人，30多次进入西藏调研，7次进入印度，3次进入尼泊尔，在喜马拉雅山脉相连的青藏高原、克什米尔谷地、拉达克列城、加德满都谷地都留下了考察的足迹。研究的内容和范围涉及城市和村落、文化景观、宗教建筑、传统民居、建筑材料与技术等与文化遗产相关的领域，完成了50篇硕士学位论文和4篇博士学位论文，填补了国内在喜马拉雅文化遗产保护研究上的空白，并将藏学研究和喜马拉雅学的研究结合起来。研究揭示了喜马拉雅山脉不仅是我们这一星球上的世界第三极，具有地理坐标和地质学的重要意义，而且在人类的文明发展史和文化史上具有同样重要的价值。

喜马拉雅山脉东西长2 500公里，南北纵深300~400公里，西北在兴都库什山脉和喀喇昆仑山脉交界，东至南迦巴瓦峰雅鲁藏布大拐弯处。在喜马拉雅山脉的南部，位于南亚次大陆的印度主要由三个地理区域组成：北部喜马拉雅山区的高山区、中部的恒河平原以及南部的德干高原。这三个区域也就成为印度文明的大致分野，早期有许多重要的文明发迹于此。中国学者对此有着准确的描述，唐代著名学者道宣（596—667）在《释迦方志》中指出：“雪山以南名为中国，坦然平正，冬夏和调，卉木常荣，流霜不降。”其中“雪山”指的便是喜马拉雅山脉，“中国”指的是“中天竺国”，即印度的母亲河恒河中游地区。

季羡林先生把古代世界文化体系分为中国、印度、希腊和伊斯兰四大文化，喜马拉雅地区汇聚了世界上四大文化的精华。自古以来，喜马拉雅不仅是多民族的地区，也是多宗教的地区，包括了苯教、印度教、佛教、耆那教、伊斯兰教以及锡克教、拜火教。起源于印度的佛教如今在印度的影响力已经不大，但佛教通过传播对印度周边的国家产生了相当大的影响。在中国直接受到的外来文化的影响中，最明显的莫过于以佛教为媒介的印度文化和希腊化的犍陀罗文化。对于这些文化，如不跨越国界加以宏观、大系统考察，即无从正确认识。所以研究喜马拉雅文化是中国东方文化研究达到一定阶段时必然提出的问题。

从东晋时法显游历印度并著书《佛国记》开始，中国人对印度的研究有着清晰的历史脉络，并且世代传承。唐代玄奘求学印度并著书《大唐西域记》；义净著书《大唐西域求法高僧传》和《南海寄归内法传》；明代郑和下西洋，其随从著书《瀛涯胜览》《星槎胜览》《西洋番国志》，对于当时印度国家与城市都有详细真实的描述。进入20世纪后，中国人继续研究印度。蔡元培在北京大学任校长期间，曾设“印度哲学课”。胡适任校长后，又增设东方语言文学系，最早设立梵文、巴利文专业（50年代又增加印度斯坦语），由季羡林和金克木执教。除了季羡林和金克木，汤用彤也是印度哲学研究的专家。这些学者对《法显传》《大唐西域记》《大唐西域求法高僧传》和《南海寄归内法传》进行校注出版，加入了近代学者科学考察和研究的新内容，在印度哲学、文学、语言文化、历史、地理等领域多有建树。在中国，研究印度建筑的倡始者是著名建筑学家刘敦桢先生，他曾于1959年初率我国文化代表团访问印度，参观了阿旃陀石窟寺等多处佛教遗址。回国后当年招收印度建筑史研究生一人，并亲自讲授印度建筑史课，这在国内还是独一无二的创举。1963年刘敦桢先生66岁，除了完成《中国古代建筑史》书稿的修改，还指导研究生对印度古代建筑进行研究并系统授课，留下了授课笔记和讲稿，并在《刘敦桢文集》中留下《访问印度日记》一文。可惜 1962 年中印关系恶化，以致影响了向印度派遣留学生的计划，随后不久的“十年动乱”，更使这一研究被搁置起来。由于历史的原因，近代中国印度文化研究的专家、学者难以跨越喜马拉雅障碍进入实地调研，把青藏高原的研究和喜马拉雅的研究结合起来。

意大利著名学者朱塞佩·图齐（1894—1984）是西方对于喜马拉雅地区文化探索的先驱。1925—1930 年，他在印度国际大学和加尔各答大学教授意大利语、汉语和藏语；1928—1948 年，图齐八次赴藏地考察，他的前五次（1928、1930、1931、1933、1935）藏地考察均从喜马拉雅山脉的西部，今天克什米尔的斯利那加（前三次）、西姆拉（1933）、阿尔莫拉（1935）动身，沿着河流和山谷东行，即古代的中印佛教传播和商旅之路。他首次发现了拉达克森格藏布河（上游在中国境内叫狮泉河，下游在印度和巴基斯坦叫印度河）河谷的阿契寺、斯必提河谷（印度喜马偕尔邦）的塔波寺（西藏藏佛教后弘期重要寺庙，两处寺庙已经列入《世界文化遗产名录》），还考察了托林寺、玛朗寺和科迦寺的建筑与壁画，考察的成果便是《梵天佛地》著作的第一、二、三卷。正是这些著作奠定了图齐研究藏族艺术和藏传佛教史的基础。后三次（1937、1939、1948）的藏地考察是从喜马拉雅中部开始，注意力转向卫藏。1925—1954 年，图齐六次调查尼泊尔，拓展了在大喜马拉雅地区的活动，揭开了已湮没的王国和文化的神秘面纱，其中印度和藏地的邂逅是最重要的主题。1955—1978 年，他在巴基斯坦北部的喜马拉雅山麓，古代称之为乌仗那的斯瓦特地区开展考古发掘，期间组织了在阿富汗和伊朗的考古发掘。他的一生学术成果斐然，成为公认的最杰出的藏学家。

图齐的研究不仅涉及佛教，在印度、中国、日本的宗教哲学研究方面也颇有建树。他先后出版了《中国古代哲学史》和《印度哲学史》，真正做到“跨越喜马拉雅、扬帆印度洋”，将中印文化的研究结合起来。

终其一生，他的研究都未离开喜马拉雅山脉和区域文化。继图齐之后，国际上对于喜马拉雅的关注，不仅仅局限于旅游、登山和摄影爱好者，研究成果也未囿于藏传佛教，这一地区的原始宗教文化艺术，包括印度教、耆那教、伊斯兰教甚至苯教都得到发掘。笔者手头上就有近几年收集的英文版喜马拉雅艺术、城市与村落、建筑与环境、民俗文化等多种书籍，其中有专家、学者更提出了“喜马拉雅学”的概念。

长期以来，沿着青藏高原和喜马拉雅旅行（借用藏民的形象语言“转山”）时，笔者产生了一个大胆的想法，将未来中印文化研究的结合点和突破口选择在喜马拉雅区域，建立“喜马拉雅学”，以拓展藏学、印度学、中亚学的研究范围和内容，用跨文化的视野来诠释历史事件、宗教文化、艺术源流，实现中印间的文化交流和互补。“喜马拉雅学”包含了众多学科和领域，如：喜马拉雅地域特征——世界第三极；喜马拉雅文化特征——多元性和原创性；喜马拉雅生态特征——多样性等等。

笔者认为喜马拉雅西部，历史上“罽宾国”（今天的克什米尔地区）的文化现象值得借鉴和研究。喜马拉雅西部地区，历史上的象雄和后来的“阿里三围”，是一个多元文化融合地区，也是西藏与希腊化的犍陀罗文化、克什米尔文化交流的窗口。罽宾国是魏晋南北朝时期对克什米尔谷地及其附近地区的称谓，在《大唐西域记》中被称为“迦湿弥罗”，位于喜马拉雅山的西部，四面高山险峻，地形如卵状。在阿育王时期佛教传入克什米尔谷地，随着西南方犍陀罗佛教的兴盛，克什米尔地区的佛教渐渐达到繁盛点。公元前 1 世纪时，罽宾的佛教已极为兴盛，其重要的标志是迦腻色迦（Kanishka）王在这里举行的第四次结集。4 世纪初，罽宾与葱岭东部的贸易和文化交流日趋频繁，谷地的佛教中心地位愈加显著，许多罽宾高僧翻越葱岭，穿过流沙，往东土弘扬佛法。与此同时，西域和中土的沙门也前往罽宾求经学法，如龟兹国高僧佛图澄不止一次前往罽宾学习，中土则有法显、智猛、法勇、玄奘、悟空等僧人到罽宾求法。

如今中印关系改善，且两国官方与民间的经济、文化合作与交流都更加频繁，两国形成互惠互利、共同发展的朋友关系，印度对外开放旅游业，中国人去印度考察调研不再有任何政治阻碍。更可喜的是，近年我国愈加重视“丝绸之路”文化重建与跨文化交流，提出建设“新丝绸之路经济带”和“21 世纪海上丝绸之路”的战略构想。“一带一路”倡议顺应了时代要求和各国加快发展的愿望，提供了一个包容性巨大的发展平台，把快速发展的中国经济同沿线国家的利益结合起来。而位于“一带一路”中的喜马拉雅地区，必将在新的发展机遇中起到中印之间的文化桥梁和经济纽带作用。

最后以一首小诗作为前言的结束：

我们为什么要去喜马拉雅？
因为山就在那里。
我们为什么要去印度？
因为那里是玄奘去过的地方，
那里有玄奘引以为荣耀的大学
——那烂陀。

行走在喜马拉雅的云水间，
不再是我们的梦想。
边走边看，边看边想；
不识雪山真面目，只缘行在此山中。

经历是人生的一种幸福，
事业成就自己的理想。
慧眼看世界，视野更加宽广。
喜马拉雅，
不再是阻隔中印文化的障碍，
她是一带一路的桥梁。

在本套丛书即将出版之际，首先感谢多年来跟随笔者不辞辛苦进入青藏高原和喜马拉雅区域做调研的本科生和研究生；感谢国家自然科学基金委的立项资助；感谢西藏自治区地方政府的支持，尤其是文物部门与我们的长期业务合作；感谢江苏省文化产业引导资金的立项资助。最后向东南大学出版社戴丽副社长和魏晓平编辑致以个人的谢意和敬意，正是她们长期的不懈坚持和精心编校使得本书能够以一个充满文化气息的新面目和跨文化的新内容出现在读者面前。

主编汪永平

2016 年 4 月 14 日形成于乌兹别克斯坦首都塔什干 Sunrise Caravan Stay 一家小旅馆庭院的树荫下，正值对撒马尔罕古城、沙赫里萨布兹古城、布哈拉、希瓦（中亚四处重要世界文化遗产）考察归来。修改于 2016 年 7 月 13 日南京家中。

目　录

CONTENTS

导　言

1. 自然地理[1]

江孜县位于西藏自治区南部，地处冈底斯山与喜马拉雅山之间，地势南北高，中西部低，全县海拔高度在4 000~4 200米之间。东起乃钦雪山，西至白朗县夏觉乡，南与康马、岗巴两县接壤，北与仁布县、日喀则市相邻，东西长约102.5公里，南北宽约90公里，全县总面积3 800多平方公里。

2012年，全县人口68 390人，江孜镇人口约1万人，属于西藏的人口大县。现辖江孜镇、卡麦乡、达孜乡、热索乡、重孜乡、纳如乡、卡堆乡、日朗乡、藏改乡、紫金乡、康卓乡、江热乡、年堆乡、车仁乡、日星乡、金嘎乡、加克西乡、龙马乡、热龙乡等1镇18乡，下设157个行政村、3个居委会。居民主要为藏族，另有汉、回等民族。

江孜县处于前后藏结合部及咽喉要道，地缘优越，交通便利。拉萨—亚东公路、日喀则—亚东公路和日喀则—江孜公路贯穿县境，从拉萨过曲水大桥经浪卡子到江孜，路程约260公里，西北距日喀则市路程约90公里，距西藏最大的航空港贡嘎机场230公里，南距边境小城亚东仅215公里（图0–1），交通便利。江孜既是重要的交通枢纽，又紧密联结拉萨、日喀则、亚东三个不同的经济区域，流动人员较多，经贸交易活跃，是一个重要的经济中心。

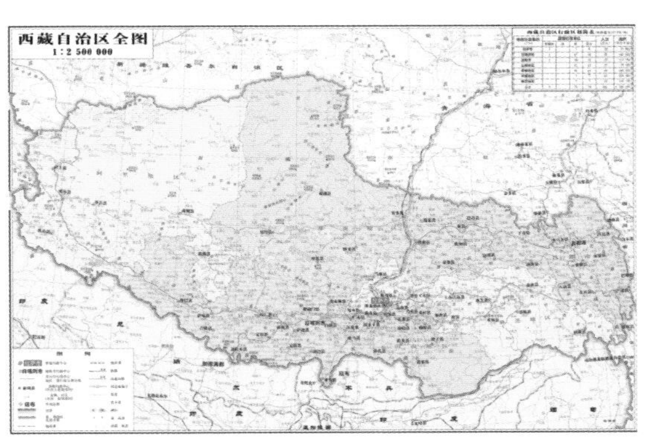

图0–1　江孜地理区位
图片来源：国家测绘地理信息局

江孜县属于高原温带季风和半干旱河谷气候类型，基本气候特征是日照时间长，太阳辐射强，四季区分不明显，旱雨季分明，年平均气温4.7℃，1月份平均气温4.7℃，7月份平均气温12.7℃。江孜县受喜马拉雅雨影带影响，降雨量小，年降水量284.5毫米，夜雨率在70%左右，多集中在6—9月份，空气干燥，相

1 参考江孜政务网（http://www.jiangzi.gov.cn//RWLS/602.htm）。

对湿度低。适宜的气候和肥沃的土地，使江孜在吐蕃王朝时期就已形成较为发达的农业区域。1997 年，江孜县被国家农业部定为全国农业百强县之一，被西藏自治区定为全区商品粮基地县之一。目前，江孜是西藏仅有的两个粮油生产“亿斤县”之一，全县粮油总产量占西藏自治区的十分之一，占日喀则地区的四分之一，被冠以“西藏粮仓”的美誉。

江孜的植被以耐寒、耐旱的禾本科和莎草科植物及蒿类为主。受海拔高低和小气候影响，植被具有明显分带性，大致可分稀疏垫状、高山草甸、亚高山草甸、高山草原、亚高山草原、山地灌丛、草甸沼泽植被 7 大类型。年楚河两岸一年一熟的农业植被较发达。

江孜县境内主要的野生动物有牦牛、青羊、黄羊、雪鸡、獐子等，主要野生植物有青杨、柳树、沙棘、红景天、贝母等 104 种。

年楚河源头为康马县境内海拔 5 150 米的色姆湖，其在江孜县境内主要支流有龙马河、涅如河、冲巴拉曲（又称康马河）、纳如同曲、金嘎则曲、康如普曲等。20 世纪 70 年代以后新建的满拉水库、卡堆幸福水库等中小型水库，及北干渠为主的多条主干渠，为江孜县境内自然水系提供丰富的水资源。

2. 人文历史[1]

西藏处于十二小邦时，江孜属于十二小邦之一的娘汝部落等四个小邦的统治区。

元代地方政权时期，江孜属于夏鲁万户府辖区，江孜地区设有乃宁千户府。夏喀哇家族帕巴贝桑布任萨迦地方政权朗钦后，因征服夏冬、洛东部落有功，萨迦地方政府把年楚河上游地区统治权授予帕巴贝桑布，从此这一广大地区改称为“班丹夏喀哇”。班丹夏喀哇家族统治时期，元、明朝皇帝曾赐予班丹夏喀哇家族的帕巴贝桑布、帕巴仁钦、饶丹衮桑帕等人大司徒、司徒、朗钦等封号，并赐予印章和诏书。元代，江孜修建了白居寺，各方信徒云集，因位于交通要冲，工商业繁荣，遂形成西藏历史上的第三大城镇。

帕竹地方政权时期，这里被称为“年堆江孜瓦”，设“宗”级（相当于县）建置，江孜称为帕竹政府政权所辖 13 大宗豁之一。

甘丹颇章地方政权时期，江孜继续设“宗”。噶厦委派僧俗五品官一名任职管理，任期三年。

1 参考江孜政务网（http://www.jiangzi.gov.cn//RWLS/602.htm）。

历史上，江孜曾发生过许多重要战事。1600年，英国成立了侵略东方的大本营——东印度公司。到18世纪中叶，英国东印度公司已经在印度站稳了脚跟。为了进一步扩大侵略范围进行新的掠夺，从18世纪后半期开始，英国东印度公司便把侵略的矛头指向了西藏，开始了对西藏的武装侵略。

1888年，英帝国主义发动了第一次对西藏地区的侵华战争，即隆吐山战役，占领了隆吐山、纳汤等地。虽然英帝国主义的侵略遭到了西藏人民的誓死抵抗，但由于当时清朝政府的软弱无能，致使西藏第一次抗英战争以失败告终。随后签订《中英会议藏印条约》。这个条约不但将锡金送入英国之手，而且丧失了卓木山谷以南包括隆吐山在内的热纳宗和后藏岗巴宗大片土地。

1903年7月，英帝国主义派荣赫鹏率领一支万人大军，由麦克唐纳指挥，开始了对西藏的第二次大规模武装侵略。12月12日，英国偷越了则利拉山口，13日进驻仁钦岗，21日占领帕里。1904年1月，英国又相继占领了堆纳、戈吾等地，矛头直指江孜。从此开始了以江孜人民为主的西藏人民反抗英帝国主义武装侵略的第二次抗英战争。

旧时的江孜，管辖范围比现在要大。它东起龙马卡如拉山，北至桑拉山，南至帕里塘拉山以西，西至卡卡仁青岗，包括现在的江孜、康马两县全境以及亚东县的一部分。

1904年4月11日，英军侵入江孜。自第二次抗英战争开始以来，西藏军民的抗英斗争虽然遭受到一系列失败和挫折，但西藏军民的抗英意志却越来越坚决。得知英军侵入江孜的消息后，西藏各地民兵又重新动员起来，征集军队达16 000余人，聚集在江孜、日喀则及江孜到拉萨的大道上，拉开了江孜保卫战的序幕。

12日，藏军在江孜抗击英军。英国荣赫鹏、麦克唐纳等率军1万余人进犯江孜，占领宗政府。藏军反击，一面在江孜以东的卡罗布置兵力，吸引英军主力，一面袭击英军在平原的大本营，攻克江孜堡垒，将留守江孜的英军包括荣赫鹏在内全部包围，取得初战胜利。

江孜军民在扎奎和帕拉庄园等地进行了顽强战斗之后，5月3日，藏军1 000多人突然袭击江洛林卡的荣赫鹏营地，几乎全歼敌人。荣赫鹏在极度恐慌中带领40名士兵仓皇南逃至康马村，遭到袭击，几乎被杀死。

15日，西藏地方政府对英军宣战。26日，英军与藏兵再战于江孜。江孜军民群情激奋，凡江孜的民户都出了人力，全民出动和藏军一起，夜以继日地修筑工事。防御工事从白居寺可直通宗山和强扎洞，从街巷的屋舍到宗政府的南头都连接起来。白居寺的制高点上设有炮台一座、台枪一杆，并建立了值班哨制度，寺内喇嘛全体列队待战。由于江孜有了较周密的战斗部署，故陷英军于被动局面达两个月之久。

6 月 13 日，麦克唐纳和荣赫鹏将聚集在亚东的全部力量倾巢调出，直逼江孜。英军行至离江孜不远的乃宁寺时，遭到了驻寺守军的坚决抵抗。

6 月 28 日，为了扫清江孜外围的据点，英军向江孜附近的紫金寺进攻，守卫藏军 800 余人，激战几日后转移。英军即以紫金寺、帕拉村和江洛林卡三处为基地，包围了江孜宗政府及江孜街巷的藏军。此时十三世达赖喇嘛派出宇妥噶伦和三大寺代表在江孜与英军会谈。7 月 3 日再次会谈时，荣赫鹏发出最后通牒，限藏军于 7 月 5 日前撤出宗政府，否则采取军事行动。

宗政府位于江孜城中央的一个突出的小山上，碉堡式的建筑非常坚固，是江孜平原的制高点。宗山决战就在这里打响。7 月 5 日，英军分三路进攻，一路进攻江孜镇，一名英军大尉被击毙，激战至晚 7 时，江孜城沦陷。另两路英军在大炮掩护下，猛攻宗山。藏军 5 000 人坚守堡垒，用土枪和“乌朵”抛石打退敌人。

据当年参加宗山决战的两位老人回忆：“敌人围攻了几天，一直打不下来，我军还在夜里下山袭击英军。山上被断了水，便在晚上用绳将人吊下去取水塘里的污水喝，甚至以尿止渴。虽然这样，但始终没有一个人动摇。”不料，一天一个藏兵装药不慎，将山上的炸药库引爆了，敌人见藏军到了弹尽粮绝的境地，便日夜加紧攻击。此时藏军仍然坚持战斗，用石头打退了敌人的数次进攻。经过三天的鏖战，藏军一路从北面冲下山，而西南悬崖上一部分来不及突围的战士，就和敌人徒手搏斗，最后全部跳崖殉国，上演了可歌可泣的爱国主义壮举。江孜保卫战是西藏近代史上抗击外国侵略者规模最大、最为惨烈悲壮的战斗之一，表现出藏族人民热爱祖国，为维护祖国的尊严保卫领土完整英勇战斗、不怕牺牲的崇高爱国主义精神，在中国近代史上写下了光辉的一页。

1961 年，江孜宗山抗英遗址被国务院列为全国一级文物保护单位，现在已经成为对干部职工和青少年进行爱国主义教育的场所。1994 年西藏自治区把江孜宗山抗英遗址列为全区青少年教育基地，1997 年中共中央宣传部把江孜抗英遗址列为全国百家爱国主义教育基地之一（图 0–2）。

电影《红河谷》，就是以这段历史为背景。这部影片曾获得叙利亚大马士革

图 0-2 江孜抗英英雄纪念碑

国际电影节特别奖，产生了广泛的社会影响。从此，江孜在“英雄城”的赞誉外，又获得了“红河谷”的称号。

江孜特殊的地理位置和战略地位得到历代中央政府的高度重视。清乾隆五十八年（1793），在驱逐廓尔喀入侵者后，清朝中央政府按《钦定藏内善后章程》二十九条规定，在江孜设守备、外委各 1 名，统领清朝中央驻军 50 名，并设粮台、塘汛等机构。同时规定藏军设代本 1 名，统领 500 名藏军驻防江孜。驻藏大臣和琳前往后藏与廓尔喀勘定边界，设立“鄂博”界标时，曾在江孜停留，调查了解民情。驻藏达成松筠、帮办大臣和宁在巡边中，到江孜视察藏军训练和粮台、塘汛等事务，并撰碑文立于校场藏军演武厅。光绪三十三年（1907）后，清政府在江孜设商务局及海关，统管江孜进出口贸易。1911 年后，西藏地方政府在江孜设立商务基巧。

1951 年 5 月 23 日，西藏和平解放协议签订后，中国人民解放军于当年 11 月进驻江孜，在江孜分工委的领导下，逐步建立起新型的政治机构，和平解决了旧中国遗留下来的外交问题，将印度和尼泊尔驻军及商务人员礼送出境。1959 年民主改革以后，江孜宗改为江孜县人民政府，划归江孜专署管辖。1964 年，江孜、日喀则两专区合并，江孜县隶属日喀则地区管辖至今。

3. 文化特色[1]

江孜县文化艺术深厚而广博，著名藏戏《朗萨姑娘》就是根据在江孜广为流传的民间故事创编而成的，至今深受民众喜爱。藏戏《朗萨雯蚌》，亦名《朗萨姑娘》，为著名的八大传统藏戏之一，是蓝面具藏戏江嘎尔戏班及其艺术流派的剧目。“朗萨”是其名，“雯”意为光芒，“蚌”是十万的意思，“朗萨雯蚌”即闪耀着十万光芒的朗萨姑娘。在传统藏戏剧目中，它是唯一直接采用西藏社会

1 参考江孜政务网（http://www.jiangzi.gov.cn//RWLS/602.htm）。

现实生活中真实事件和与之相关的传说编撰而成的剧目。

明景泰三年（1452），生于年堆卡卡的“后藏疯人”桑杰坚赞编著的《米拉日巴传》流传甚广，影响深远，国内有汉文、蒙古文译本，国外有法文、英文、日本译本，成为藏族文学史上的一颗明珠。

江孜还有独具特色的藏族传统民间节日——达玛节（图 0–3）。达玛节有 500 多年的历史，已成为西藏最具影响的民间节日之一。据说在萨迦王朝时期的江孜法王帕巴贝桑布逝去后，他的弟子及僧俗群众每年举行仪式祭祀，后因时局动乱而被迫中断。1408 年，帕巴贝桑布之孙饶丹衮桑帕任江孜法王，恢复祭祀活动。这一年的藏历四月十日至四月二十七日，饶丹衮桑帕为其父念经做法事，同时进行一些娱乐活动，内容主要有展现佛轴画大唐卡、跳“羌姆”舞等宗教活动，此外还有跑马、“达果弥果”（古代骑士挥刀舞）等娱乐活动。到 1447 年扎西饶丹任江孜法王时，又增添了骑射、藏戏、歌舞等娱乐活动，江孜达玛节也由此而来。

图 0–3　江孜达玛节赛马

达玛节期间，有跑马、射箭等传统体育比赛项目，也有各种球赛、田径等现代体育项目。比赛场地周围全部是参加物资交流的帐篷商店和远道而来“安营扎寨”的农牧民帐篷。达玛节期间周边的农民一大早赶着马车，扶老携幼，聚在一起，欢度一年一度的节日。他们有的观看比赛，有的观看文艺节目，而有的带着甜奶渣等自家特产，摆摊做生意。大部分人在自家帐篷里自娱自乐，夜幕降临时才回家。达玛节一般持续 7~10 天。

西藏最有名的地毯是江孜卡垫（图 0–4）。一般来说，面积大于 18 平方尺的称为地毯，小于 18 平方尺的称为卡垫。江孜卡垫的生产已有 600 多年的历史。远在西藏萨迦王朝之前，岗巴嘎西的“岗绒”和白朗汪丹的“仲丝”生产技术就传到了江孜，这两种产品近似藏被和氆氇，没有严格的规格要求，图案也只是简单的几何图形。元朝时，卡垫生产空前繁荣，江孜城里已是家家都有卡垫织机、户户可闻织声了。据史料记载，1251年，八思巴去京都觐见元世祖忽必烈时，呈献的贡品中就有江孜卡垫，此后江孜卡垫在京都颇受欢迎，博得“蕃人精品”的美誉。

一世达赖根敦朱巴时期，江孜地方的纺织艺人又在一种名叫“缠巴”的毛毡基础上生产出了优于前期产品的新品种。从此卡垫成为藏族人民生活中重要的具有实用价值、审美装饰和观赏意义的工艺用品。这一时期，江孜卡垫生产已具有相当规模，仅江孜镇就有数千人专门从事卡垫生产。江孜现已成为藏地生产卡垫的中心。历史上江孜就有楚西贵族、朵西贵族雇佣卡垫生产者生产以自己家族的名字命名的卡垫“朵西壁沙”“楚西壁沙”，并用于交换的事例。原西藏地方政府还在江孜设立了生产卡垫的作坊，建立了卡垫业行会组织——“吉社”，并派了一名五品官吏管理江孜卡垫业的生产。其产品除满足本地需求外，远销印度、尼泊尔、不丹、锡金等周边国家。

纺车曾是家庭最重要的生产工具之一，在现代化的今天，这一古老的纺织工具在古城江孜仍然完好地保留着，并且作为世界三大名毯之一的重要生产手段继

图0-4　江孜卡垫

续使用着。江孜手工纺织的毛线有其不可替代的特色和价值。

江孜地毯在传统染色技术中，使用的颜料大多就地取材，选用各种有色的矿物质和植物色素进行染色，染出来的地毯巧夺天工、天然混成。

4. 宗教文化[1]

江孜县境内流传的藏传佛教主要教派有宁玛派、萨迦派、噶举派、格鲁派、夏鲁派，在日星乡和重孜乡境内有苯教。江孜县境内有白居寺、重孜寺、林布寺、热龙寺、孜·乃莎寺、年措寺、唐波寺、加热寺、康姆寺、扎驻寺、孜吾寺、拉则尼姑寺等12座寺庙。

江孜县内群众性宗教活动较多，主要有：

（1）念“嘛尼经”：即“六字真言——唵嘛尼叭咪吽”。

（2）转“嘛尼轮”：在寺院周围、转经道上有“嘛尼轮”。

（3）捻佛珠：佛珠一般有108颗珠子，信教群众在进行佛事活动时用手捻佛珠，捻一周，随后又反向进行，一直不停。

（4）祭地方神（土地神）：藏历每月八日、十日、十五日、二十五日、三十日，一般以村为单位每家每户家庭主妇集中在“玉拉”（地方神）所在地集体祭祀地方神。

（5）格则拉玛，也称达玛节：每年藏历四月十八日开始在江孜白居寺举行佛事活动，一直延续到月底。期间，白居寺进行展大型唐卡、跳神、朝佛等佛事活动，十九日开始射箭、转经、逛林卡等活动。

（6）一日朝游九圣九佛：每年藏历二月十五日，信教群众要在一日内朝游江孜地区九圣地九佛。

（7）一月十五日升经幡：每年藏历十二月十五日，江孜白居寺将几根经幡降落下来，江孜县境内的信教群众都要到白居寺观看降落经幡的情景，并摘去经幡上的经布作为护身之用。每年藏历一月十五日，江孜白居寺在维修过几根大经幡杆后，系上崭新的五彩经幡将其升起。

（8）萨噶达瓦节：释迦牟尼诞生、圆寂、涅槃日的“萨噶达瓦”节，是西藏重要的宗教节日。江孜白居寺的十万佛塔，传说也是在这一天建成的。因此，每年藏历四月十五日，白居寺都将有500名喇嘛诵经纪念，上千信众云集于此。

1 参考江孜政务网（http://www.jiangzi.gov.cn//RWLS/602.htm）。

萨噶达瓦节是该寺最为重大的节日之一，同时也成为江孜颇有影响的宗教节日。四月十五日，白居寺的各教派根据各自宗教仪轨跳宗教舞（图 0–5）；十六日，萨迦派库巴寺喇嘛带着 48 种动物面具跳宗教舞。

图 0–5　白居寺跳神节

（9）四月十八日展佛节：每年藏历四月十八日，江孜白居寺举行盛大的展佛活动。

（10）热龙古尔钦节：每年藏历六月十三日至十五日，噶举派寺院热龙寺举行宗教活动。十三日和十四日，寺院喇嘛举行念经跳神等佛事活动。十五日，热龙寺喇嘛带着经书等各种宗教器具，吹着宗教乐曲转游热龙寺。

（11）重孜古仁：每年藏历四月二十七日，重孜寺喇嘛举行宗教活动，名叫“重孜古仁”。重孜寺喇嘛穿戴古代武士的装束，骑马游走，被称为“达古米古”。

（12）其他：有坦确林寺的“慈久”、康姆寺的“旺噶”宗教节日等。

第一章　城市概况

第一节　江孜的历史沿革

第二节　江孜的城市选址与规划思想

第三节　江孜的城市格局和城市要素

第一节　江孜的历史沿革

据史书记载，西藏历史上有前藏 31 城、后藏 17 城之说。实际上这只是一种说法，西藏历史上并没有真正意义的城市。一些城垣由大大小小的碉房组合在一起，形成了人类聚落，既无街巷规制，也无城市墙垣围绕。寺院虽有坚墙围护，但寺院内除佛殿和僧舍外，并无百姓居住，也不过形似城郭而已。江孜是一座历经六七百年的历史发展形成、名胜众多的古老城镇，在 1994 年被国务院评定为中国历史文化名城。现在的江孜有了现代意义上的城市道路、照明、给排水、绿地、通讯、能源等基础设施，但老城区城市结构保存完好，仍值得研究。

1. 吐蕃时期的江孜（7—9 世纪中叶）

历史上，江孜是古代苏毗部落[1]的属地，是一个僻静肥沃的乡村，居民从事农牧业。雅隆部落的首领、松赞干布的父亲囊日论赞降服了苏毗，江孜便成为贵族的封地。据传，当年文成公主进藏时，带入 12 岁释迦牟尼等身像，为佛像挽车的拉噶、鲁噶（车夫），后来移居江孜一带。据藏文史书记载，在松赞干布统一吐蕃前，各部落首领分割吐蕃之地，各霸一方。后来，各部落首领服从赞普的敕令，拥护统一，在承担赋税的条件下，稍大的部落首领共 18 位继续管辖他们的土地、牲畜和奴隶，承继前业。吐蕃时期把这 18 个部落势力范围的辖土又划分为五茹六十一东岱进行管理，在中央设有各级各类机构和相应的职官执掌大权。五茹为卫茹（中翼）、夭茹（左翼）、也茹（右翼）、茹拉、苏毗茹。其中“苏毗茹的界线东至聂域布那，南至麦底曲那，西至耶夏当布切，北至那雪素昌，以嘉雪达巴蔡为中心”[2]，今江孜就在苏毗茹的管辖范围内。为了保卫其封土，在傍依山腹、形势险要之地建立宗寨。六十一东岱就是后来出现的宗政府的雏形。

8 世纪，印度高僧莲花生大师让吐蕃君臣品尝甘露，于是该地以曾品尝天神甘露之味而得名为“年”。其后甘露增益，使整个雪山都受到天神甘露的加持，于是称发源于此雪山的大河为年楚河，江孜位于年楚河的上游，故称“年堆”。

1 苏毗：6 世纪时，为青藏高原较大的奴隶制部落联盟政权之一。其地理范围大约在今西藏雅鲁藏布江以北，南与雅砻部落联盟隔江相对，东北与青海玉树相接，西接今西藏阿里地区南部，其统治中心在拉萨和日喀则一带。

2 恰白·次旦平措，诺章·吴坚，平措次仁．西藏通史简编 [M]．北京：五洲传播出版社，2000．

2. 分裂时期的江孜（9—13 世纪）

吐蕃王朝走向衰弱从朗达玛[1]灭佛开始，并引起社会动乱。朗达玛遇刺后，两位“母后派系的臣民相互对峙，各自拥二王子为王，云丹占据‘卫茹’，威宋占据‘夭茹’，卫夭之间时常发生火并，其影响几乎波及到全藏区”[2]，导致了威宋之子贝考赞不能立足于前藏之地，被迫迁移至后藏。

根据藏族文献《年曲琼》（年楚河流域的山海志）记载，贝考赞（朗达玛邬都赞的孙子）曾在江孜居住，认为宗山与江孜地形殊异：东坡恰似羊驮着米，南坡状如狮子腾空，西坡铺着洁白绸幔一样的年楚河，北坡像是霍尔儿童敬礼的模样。河谷平原上金色的青稞，麦浪滚滚，从远处看似长方形的金盆，具有吉祥之兆，于是在山上修建王宫。当时的江孜名为“年堆司雄仁母”：“年堆”意为年楚河上游，指江孜古城所在一带；“司雄”意为金盆；“仁母”意为长形，即把江孜喻为长形的金盆。

3. 萨迦统治时期的江孜（1260—1354）

江孜的城市建设与萨迦时期的江孜夏喀哇家族的兴起有密切的关系，从担任萨迦朗钦[3]的帕巴贝桑布开始，江孜宗山及城市有了很大规模的发展。

15 世纪达仓宗巴·班觉桑布所撰《汉藏史集》中记载：

“这样，帕巴贝桑布依次降服了夏冬、珞冬各个部落，使具吉祥萨迦寺以下的各个哨所驿站及居民得到平安，服事了上师，也为自己建立了大功业。这期间，他担任萨迦朗钦的职务数年，还作为米巴和室利达鲁花赤、帝师贡噶坚赞的随行官员，护送他们到朝廷，朝见了蒙古妥欢帖木儿皇帝。皇帝封他为大司徒，赐给印章和诏书。他在年楚河东建造了江孜城堡，河西建造了紫金城堡，两个城堡隔河相望，奠定了夏喀哇家族统治江孜一带的根基。”

乙巳年（1365）二月二十日在宗山上正式重建宫殿，因为选址在贝考赞的宫殿的旧址上，宫殿建成后被帕东·却勒朗杰（帕东教派创始人）称赞为“杰卡尔孜”：“杰”是王的意思，“卡尔”意为堡寨，“孜”意为到了“顶峰”，藏语意为“胜

1 朗达玛，吐蕃末代赞普，841 年即位后，吐蕃境内连续发生了前所未有的自然灾害，他听信建议，认为这些天灾是信奉佛法、触犯天神的后果，遂下令在吐蕃全境禁绝佛法。846 年，朗达玛遇刺。

2 巴俄·祖拉陈瓦．贤者喜宴[M]．黄颢，译．北京：中国社会科学出版社，1989：132.

3 朗钦：西藏官名，相当于内务大臣。

利顶峰，法王府顶”。“杰卡尔孜”简称为“杰孜”，后逐渐变音为江孜，可见江孜的地名，始于宗山宫名。

4. 帕木竹巴统治时期的江孜（1354—1618）

1354年，藏历木马年，现代的历史学家把这一年定为帕竹统治西藏的开始。大司徒绛曲坚赞以萨迦的喇嘛丹巴为自己的根本上师，并任命江孜首领帕巴贝桑布为萨迦大殿的管理人和拉康拉章（佛殿）的大近侍。此后，江孜夏喀哇家族与帕木竹巴万户的大司徒绛曲坚赞关系亲密。大司徒帕巴贝桑布的长子为朗钦贡噶帕，他继续建修了江孜城堡及朵穷土城，又从帕木竹巴手中夺取了达孜宗，重新在布尔达划界，城堡、民居和属地都得到增加。他继承父业担任了萨迦的朗钦，次子索朗贝掌管紫金城堡。江孜宗成为当时在西藏修建的十三大宗奚之一。

第三代首领饶丹衮桑帕（朗钦贡噶帕的长子）统治的阶段，达到了江孜夏喀哇家族统治的全盛期。他多次向明朝中央朝贡，大明皇帝封他为荣禄大夫、大司徒等封号，赐给印信和诏书，赠给许多礼品，并准许朝贡。这一时期的江孜保持了长时期的社会稳定，各方信徒云集，人口聚集；又在年楚河上架设了大桥，使两岸畅通无阻，属民被动员织氆氇、编卡垫，工商业因而得到繁荣，遂形成西藏历史上的第三大城镇。

饶丹衮桑帕在宗教上也有诸多建树，他从小学法，潜心向佛，在他30岁时兴建班廓德庆（白居寺）经堂，39岁时为十万佛像吉祥多门塔奠基。他还织造了当时西藏最大的彩缎佛像，以藏传佛教经典《甘珠尔》（纳塘版）[1]为底本，用金汁写造了一部完整的《甘珠尔》，史称“江孜定邦”。

5. 甘丹颇章政权统治时期的江孜（1642—1951）

17世纪初，正值藏巴第悉统治前后藏之际，噶玛噶举派与格鲁派之间矛盾日深。蒙古固始汗占据青海，并向西藏地区进攻，终被收于治下。蒙军“初到孜地（今日喀则），大经堂内藏蒙人员列坐聚会，宣示将现存于江孜的薛禅皇帝（元忽必烈）向八思巴大师（萨迦法王）奉献的诸多所依供养佛像和以谿卡桑珠孜（日喀则）为主的藏地13万户全部奉献给第五世达赖喇嘛”[2]。藏历水马年（1642），

1 《甘珠尔》：意译为《教敕译典》，为西藏所编有关佛陀所说教法之总集，包括经藏与律藏两大部门。
2 阿旺·洛桑嘉措．西藏王臣记[M]．刘立千，译．北京：民族出版社，2000：108.

以达赖喇嘛驻锡地甘丹颇章宫为名字，正式建立了甘丹颇章地方政府。

清代的江孜宗，属噶厦[1]地方政府管辖，是西藏对外的重要窗口，英国、印度、尼泊尔等国均在此设有商务机构。1904 年荣赫鹏率英国侵略军入侵西藏，清政府腐败无能，纵敌人入室而失地，江孜人民不畏强敌，以宗山为堡垒，用土枪、刀剑、弓箭，甚至牧羊用的"乌朵"与持有当时最先进武器的侵略者展开了殊死搏斗，在弹尽粮绝的情况下，抗英战士仍顽强杀敌，坚持了三天三夜，最后许多人跳崖殉国，表现了中华民族反抗外侮、宁死不屈的高尚情操。荣赫鹏也评价道："西藏人的英勇是无可争辩的"，江孜因此也以"英雄城"闻名中外。

第二节　江孜的城市选址与规划思想

1. 与内地不同的建城模式

《周礼·考工记》记载"方九里，旁三门，国中九经九纬，经涂九轨，左祖右社，面朝后市"的建城制度（图 1–1），对汉地有深远的影响，其在城市中所展现的基本规划结构有"择中立宫""中轴对称"，讲究尊卑和方格网系统，被历代所推崇，奉为城市规划的经典。

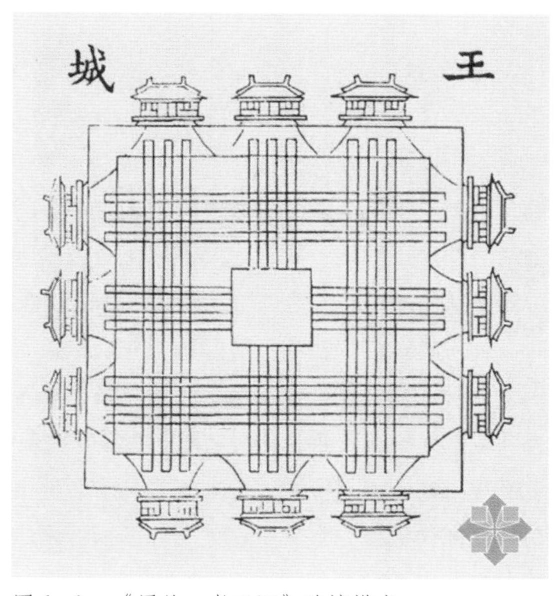

图 1–1　《周礼·考工记》建城模式

自东汉以来，我国都城规划基本上都继承了营国制度的传统，如北魏洛阳、曹魏邺城、隋大兴、唐长安、北宋开封、元大都和明清北京等。地方城市的规格低于都城，并受到自然地理、政治文化、经济发展等多种因素的综合影响，但仍然表达出对礼制思想追求的夙愿。"地方城市多以官署、楼阁或学宫等置于

1 官署名，藏语音译。即西藏原地方政府，设有噶伦四人，三俗一僧，受驻藏大臣及达赖喇嘛管辖。

城市中心或轴线的主座上，城市轴线既有形成尊卑分别的功能，也是一种协调各类建筑布局的组织手段，从而形成中国古代城市较为突出的有序感、整体感和较为统一的礼制规划风格。”[1]

中原的城市建设体现出封建皇权与礼制，然而这种建城制度并未影响到西藏地区，西藏的城市建设有着自身发展的轨迹与特点，独特的藏传佛教以及民族文化对当地的城市发展产生根深蒂固的影响。

西藏历史上最早的城市拉萨可以作为藏地城市建设的典例。松赞干布在对拉萨河谷的地形地貌进行详细考察后，决定从山南的雅砻地区迁都拉萨。松赞干布筑堤阻水，填湖造地，修挖河道，在红山上修建宫堡、寺院（大、小昭寺），奠定了拉萨城市的雏形。随后，围绕大昭寺逐渐发展起来八廓街（也称八角街），这是西藏城市建设史上的第一条街道。建于山顶的宫堡、寺院，当地原有的民居和不远万里朝拜而来的人们在寺院或宫堡下定居下来的住所，建构成吐蕃王朝初期的城市雏形。

对西藏城市而言，中原内地儒家文化的影响甚为微弱，更多地展现出佛教文化的影响，“礼佛”代替“礼制”，成为西藏地方城市建设的主要思想。“择中立宫”的规划结构演变成为“择中立佛”。拉萨八廓街区域的中心为大昭寺，“礼佛”主导了整个区域的城市空间结构，环形的转经道与发散式的街巷消解了这条轴线延伸的可能性，同时也共同强化着大昭寺的核心地位，从这种道路体系中无法解读到任何中原内地古城常见的“井田方格网系统”。

甘丹颇章政权初期，拉萨城内先后修筑了蒙古汗王的王府两处：甘丹康萨、班觉热丹。其位置都在八廓街环路以外，前者位于大、小昭寺之间的林卡地，后者则位于大昭寺以西的开敞之地，并没有出现中原内地都城常见的“择中立宫”，也没有出现地方“择中立府”的格局。两处王府并没有成为拉萨的城市中心，而是以礼佛的谦卑心态分布在大昭寺的周边区域。拉萨八廓街区域以“佛”为中心的布局方式得以传承。

笔者考察的西藏老城镇，如拉萨、日喀则、江孜三大古城和仁布、曲水、尼木、琼结等次一级的宗县，基本都由建于山上的宗山（宫堡）、建于山上或山腰的寺庙以及建于山脚平原的居住区（藏语叫雪）三部分组成。因此，完全可以将

1 庄林德，张京祥．中国城市发展与建设史[M].南京：东南大学出版社，2002：167.

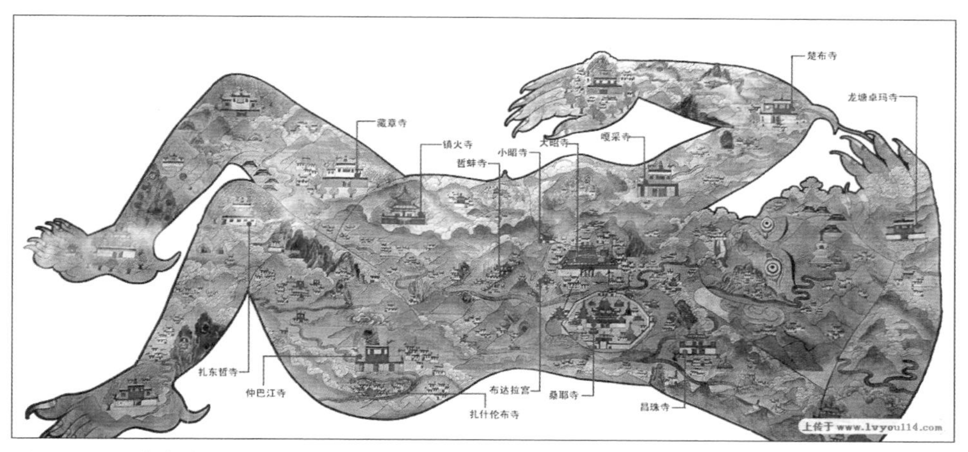

图 1-2 西藏魔女图

拉萨、日喀则、江孜城市的形成、发展和建设作为研究西藏城市的典型和范例，历史上西藏其他地方相继建设的市镇，在布局和结构上都与拉萨有相似和雷同之处。与大多数城市选址的基本原则类似，藏区中心城市的选址遵循了“因地制宜”的自然法则，体现出“山”“水”“城”和谐相处的自然观。拉萨、日喀则、江孜、泽当这几座城市具有满足藏区人民聚集的自然条件，它们被选择成为西藏人民的定居点并发展为中心城市，是自然环境决定的结果。

笔者认为，宫堡（宗山）、寺院、居住区可以看做藏区城市构成中必不可少的三个要素，密不可分、“三位一体”的关系可作为古城江孜研究和西藏其他城市研究的切入点。

2. 规划思想 [1]

西藏古代城市规划思想，可以归纳为四个学说：

一是天梯说。西藏历史传说中的聂赤赞普是西藏第一位国王，他和他之后的六位国王，史称天赤七王，据说天赤七王都是天界的神仙，他们死亡后会登上天界。在天梯说的影响下，那个时代西藏的房屋都建在山上。即使今天仍然可以在西藏一些地方看到山顶上宫殿的废墟和山崖上画上去的天梯图腾。

二是魔女说（图 1-2）。吐蕃王朝时期，松赞干布迁都拉萨并迎娶唐朝文成

1 徐宗威，刘虹．西藏城市规划古今谈 [J]. 城乡规划，2003（11）.

公主后，开始在拉萨河谷大兴土木。文成公主为修建大昭寺和造就千年福祉而进行卜算，揭示蕃地雪国的地形是一个仰卧的罗刹女魔。文成公主提出消除魔患、镇压地煞、具足功德、修建魇胜的思想，主张在罗刹女魔的左右臂、胯、肘、膝、手掌、脚掌修建 12 座寺庙，在罗刹魔女心脏的涡汤湖用白山羊驮土填湖、修建大昭寺以镇魔力。此后，吐蕃这片土地具足了一切功德和吉祥之相。女魔说对当时吐蕃王朝的规划建设发挥过重要的影响。

三是中心说。古代佛教宇宙观认为，世界的中心在须弥山，以须弥山为轴心，伸展到神灵生活的天界和黑暗的地界。桑耶寺的建设充分体现了这一思想，其主殿代表须弥山，糅合了汉地、西藏和印度的建筑风格。由围墙所构成的圆内有代表四大洲、八小洲以及日、月等殿堂建筑。在中心说的影响下，西藏的住宅、寺院、宫殿都被认为是世界的缩影，早期的帐篷和后来居室中的木柱被认为是世界的中心，沿着这个中心可以上升，也可以下沉，这也是信仰群众向居室中木柱进献哈达的原因。

四是金刚说。西藏的宗教藏传佛教，是在金刚乘基础上发展起来的，属于大乘佛教。金刚乘作为藏传佛教的基础，对西藏社会形态、城市形态和人的行为方式都产生了直接而深刻的影响，后者最直接的表现一是顶礼膜拜，二是朝圣转经。西藏的寺院殿堂内有很多“回”形的平面布局，即为求佛转经的通道。桑耶寺主殿的三层空间每层都为“回”形，主殿的院落也布置成“回”形。延伸到寺院之外就形成了不同的转经道，如转山、转湖、转寺、转塔等等。拉萨的八廓街就是著名的转经道，事实上对大昭寺的朝圣形成了囊廓、八廓和林廓三条转经道，这对西藏早期城市布局和城市形态有很大的影响。

由于历史条件的局限，古代西藏的城市规划思想只能是唯心主义的，但其中有积极的因素。文成公主的规划思想首先在拉萨城市得到了实践，在涡汤湖上建立大昭寺，吐蕃各地则建立了 12 座魇魔寺庙。松赞干布为开发拉萨河谷平原和建设大昭寺，整治拉萨河北滩支流使其改道，并填平了涡汤湖，应该说这是古代城市建设趋利避害的典范。在大昭寺、桑耶寺的建筑中都可以看到吐蕃、汉地和印度等不同建筑文化融合的痕迹，从建筑的选址、形式和用材等方面体现了天人合一的思想，较好地适应了自然环境和人的心理需求。

3. 从聚落到城市的形成

据学者考证，距今4万年至8 000年前，广阔的青藏高原上已经出现许多游牧氏族及部落，其中大部分分布于雅鲁藏布江及其支流流域。

约在距今5 000年前，青藏高原上的藏族先民由游牧时代进入比较稳定的定居时代，他们以氏族血统关系或其他方式结成诸多部落小邦，最初有12小邦，后发展为40小邦。其中分布于年楚河流域的有：娘若切喀尔（即娘若切尔），以藏王兑噶尔为王，其家臣为“苏”与“朗”二氏；娘若香波之地，以弄玛之仲木查为王，其家臣为“聂”与“哲”二氏[1]。后来，年楚河流域为苏毗部落盘踞，江孜为其都城。在囊日论赞（松赞干布之父）降服苏毗之后，江孜之地被封赏给吐蕃贵族。随着吐蕃王朝崩溃，王子贝考赞逃到后藏的娘若香波，但被大臣所杀，其长子扎西孜巴贝逃亡到江孜一带，他的后代形成了贡塘（吉隆）王系。

从江孜历史沿革中可见，江孜的城市建设与萨迦时期的江孜夏喀哇家族的兴起有密切的关系，从担任萨迦朗钦[2]帕巴贝桑布开始，江孜宗山及城市有了很大规模的发展。1365年，帕巴贝桑布在江孜大兴土木，修建城堡，“相继在江孜柳园、甲孜和孜钦等地修建了孜钦、噶卡河巴囊伦珠孜等城堡。后又在吐蕃王室后裔贝考赞王宫的遗址基础上修建了巨大坚耸的江孜城堡”[3]。这标志着夏喀哇家族的江孜政权初步建立。

帕巴贝桑布之子贡噶帕进一步扩大了江孜的影响：他扩建了江孜城堡和朵穷土城；从帕木竹巴政权手中夺取达孜宗，扩大了江孜的庄园与属地。更为重要的是他创办了一年一度的江孜大法会，这使他与江孜周围的许多宗和豁卡建立了联系，让他成功地将自己的势力扩大到丹喀宗、羊卓、洛扎等地[4]。1413年，贡噶帕之子——江孜法王饶丹衮桑帕继承江孜政权。在他的统治下，“轻徭薄役，发展农牧业经济，弘扬佛教文化。江孜地区政治相对稳定，减轻了农牧民的负担，刺激了农牧业经济的发展，江孜地区的社会经济从而得到了增长，出现了一段比较清明的时期”。

1 噶玛降村．藏族万年大事记[M].北京：民族出版社，2005：1-2.

2 朗钦：西藏官名，相当于内务大臣。

3 熊文彬．中世纪藏传佛教艺术——白居寺壁画艺术研究[M].北京：中国藏学出版社，1996：17.

4 陈庆英，丹珠昂奔，喜绕尼玛，等．西藏史话[M].厦门：鹭江出版社，2004：237-238.

饶丹衮桑帕于 1413 年邀请时已闻名卫藏[1]的一世班禅喇嘛克珠杰任江孜佛教总管，参与策划修建江孜柳园白居寺。从 1418 年至 1425 年历时 8 年完成了白居寺大殿的修建，又从 1427 年至 1436 年完成吉祥多门塔的修建。在 17 世纪中叶甘丹颇章政权建立前，江孜政权始终自成一体。

围绕宗山城堡、白居寺，民房与市场逐渐形成规模，僧侣、商贩往来不断，手工业如制作卡垫、金银铜器也逐步发展起来。到噶厦统治时期，由于江孜处于后藏各地通往拉萨的必经之道，这里一度设置了西藏地方政府商务总管以及英国、印度、尼泊尔、锡金、不丹等国家的商务机构。江孜逐渐成为近代西藏第三大城镇。

4. 卫藏军事要塞、交通枢纽和贸易中心

清代黄沛翘所著《西藏图考》一书中指出："江孜，在前藏西南，后藏东北，背山面水，为卫藏交通之重地，与定结、帕克里、噶尔达相通；布鲁克巴(今不丹)、哲孟雄(今锡金)、宗木等部落来藏之要路也。"[2]1904 年，江孜藏族军民在江孜抗击英帝国主义者侵略，凸显其军事要塞地位。

江孜清末开埠，民国后发展迅速，势头直追日喀则，虽无日喀则规模大、人口多，但城市功能远胜日喀则。英国人以之为侵藏大本营，苦心经营，设有商务代办，驻扎军队。江孜还是西藏主要的手工业中心，城内有制造氆氇、毛毡、呢绒的手工工场，五金工匠亦多，为西藏最具近代气息的城镇。江孜在民国十九年已开办有邮局、电报、医院、银行等机构，城镇有一定规划，城区西部宗署与邦故曲登寺之间为街市，商贩云集，销售日用各物，热闹异常。民国三十二年城区共有居民千余户，贫富各半，另有尼泊尔、不丹商民十余户。

在 20 世纪 60 年代拉萨至日喀则的直线公路修通之前，江孜是拉萨到日喀则的必经之地，是联系前藏和后藏地区的枢纽，也是尼泊尔、印度与藏区交流的必经中转站，成为前藏拉萨、后藏日喀则之后西藏第三大中心城市。

5. 山水形胜的文化景观

江孜古城枕山面水，西侧为年楚河景观带和农耕区，北侧和东侧为连绵的群山。依山可为防御之用，近水无用水之忧。农耕区土质肥沃，是西藏的粮仓。古

1 西藏旧分康、卫、藏、阿里四部，卫藏即指以拉萨和日喀则为中心的前后藏区。

2 《西藏研究》编辑部 . 西招图略 西藏图考 [M]. 拉萨：西藏人民出版社，1982.

城山水形胜的格局、城区河谷地的选择，较好地体现了西藏城市的选址精髓。古城周边的山体、水系、田野完整，历史上未遭到任何破坏，保留了原有的自然和山水形胜。周边广阔的农田是古城山水格局的重要组成，对保持各景点之间视线走廊的通达性起到了关键的作用。《江孜县城总体规划（2010—2020）》已经将河道和农田片区作为限建控制，以法定的形式加以保护。

第三节　江孜的城市格局和城市要素

1. 寺与宗堡——城市双极空间格局

由于藏区特有的自然环境及军事、心理需求，宗山建筑成为藏区宫殿的主要形式。藏区的城镇并不像汉地城镇有着坚固的城墙保卫，这决定了它们需要在聚集地的制高点上建立宗山建筑，以求高瞻远瞩利于防御。宗山作为宗政府所在地矗立在城市的最高处，形成以宗山为中心外向型发展，这也是藏区城市设立宗政府后的共同特点。元朝对藏区实行特有统治制度——万户制，它赋予了宗政府极大权力，使以宗山为中心的城镇格局被确定了下来。宗山从此成为城镇的权力中心以及制高点，决定着城市的基本格局。

藏传佛教通过宗教影响并决定着藏区政治、经济、文化、意识形态，这种影响具体表现为佛教寺庙在城市平面格局上处于核心地位以及在城市空间中至高无上。藏民独特而虔诚的朝拜方式（如转经、转山、叩长头等）也使得这些寺庙成为人流环绕和集聚的中心地。每座中心城市都有与之等级匹配的寺庙，如拉萨的三大寺、日喀则的扎什伦布寺、江孜的白居寺和泽当的昌珠寺，它们构成了城市格局除宗山外的另一个中心。

寺庙作为藏族人的主要活动场所，成为藏族人的心理重心，这也是当权者愿意看到的局面。政教合一的统治，比起只运用统治的威严更能使社会稳定。自此，城市出现两个中心——宗堡与寺庙，有序地引领着全城的发展，宗堡与寺庙共同形成西藏城市的“双极”空间意象。

2. 宗—寺—雪——城市组成的三要素

江孜城位于年楚河谷中游的平原上，而宗山处在江孜平原的中央。依山而建的江孜宗山是江孜全城的最高点，它拔地而起，犹如擎天之柱。宗政府耸立于山上，

图 1-3　江孜古城天际线

居高临下，将整个江孜平原尽收眼底。江孜古城用“建筑高度”取代了“城市轴线”，普通百姓的住房建于宗山脚下，没有水平向轴线的控制，杂乱无序地修筑其间，形成城市人群的尊卑等级。从宗山向西延伸向江孜城市的另一极，即象征藏民的精神世界——涅槃净土的白居寺（图 1-3）。

14 世纪的江孜宗山，作为宫堡建筑、政治的象征，显示了西藏地方政府至高无上的权力和所向披靡的军事势力。作为政教合一政权的核心所在，宫与佛、政与教的结合更加强化了宗山的崇高地位。

15 世纪兴建的白居寺使得人间变成“天国”，是神权的崇拜场所。连接宗山与寺庙、政治与神权之间的就是芸芸众生。宗山、寺庙、民居形成了独具西藏特色的“三位一体”的或者说是具有地域宗教特征的建城模式，以及现在的江孜古

图 1-4　江孜古城全景

城的格局：宗山、百姓居住区、寺庙三个元素共同组成的西藏独特的“三位一体”建城模式（图 1–4）。

除此之外，农田对于江孜古城还具有特别的意义。在以农牧生产为历史背景的传统聚落，农田维系了整个历史的延续，是人们情感的寄托，并与宗山城堡、白居寺和众多民居建筑一样，成为聚落景观密不可分的一部分。

3. 佛教文化影响下的城市公共空间

江孜城内存在的城市广场空间多是在藏传佛教文化的主导下形成的。这种广场空间规模不大，数量也不多，但却为宗教活动的开展提供了良好的场所。其主要集中在寺庙建筑和官署建筑周围，例如宗山脚下的广场以及白居寺南门的入口广场（图 1–5）。这些广场常兼具多种功能，在宗教活动举行的间隙期间，广场可以作为拉萨居民日常礼佛、贸易交流的场所。

从使用功能的角度考察，可以发现江孜的城市广场空间与中世纪的西欧城市广场在一定程度上呈现出了相似的特征，均可以作为宗教集会和居民从事各种活动的场所。但是，中世纪的西欧城市广场主要为教堂广场，也有市政厅广场和市场广场，它们通常都是城市的中心，是城市的必然组成部分。而对于西藏的古城而言，广场空间却并不是城市的必然组成部分，

图 1-5　江孜城区广场分布

如城市中设有广场，则广场也不一定是城市的中心。广场虽然也是为江孜居民提供活动的场所，但更像是寺庙内的宗教活动空间在城市中的延伸拓展。

通过对建筑单体及建筑群的考察可知，江孜城内的建筑多以天井、院落围合成内向的生活空间，面向内院的建筑立面较为开敞，面向城市街道的外观则比较闭塞，可以说建筑的布局原则基本上是内向的。这与中原古城中建筑群的布局原则相同。然而与中原古城中鲜有城市广场空间存在的特点不同，拉萨城内出现了广场空间。中国古典建筑群的平面构成方式是由一系列的院落串联或者并联而成，实际上这些或大或小的院落在一定程度上兼具了广场空间的作用，因而在城市平面构图上，似乎没有再重复采用的必要。对于江孜古城而言，如果仅从生活空间的角度考察，广场空间的出现似乎并没有多少实质性意义，但若从宗教活动的角度出发，广场空间的出现就有了存在的合理性。广场空间既可以为宗教活动提供举行的场地，又可以拉开与世俗百姓的距离，为信众的信仰提供事实上的距离感，进而升华为膜拜感，迎合了其为宗教服务的目的。同时广场也为城市营造出了较为开阔的空间，使江孜城内过于封闭的街道空间有了“喘息”的机会。

江孜城内的广场平面不规则，广场空间具有内向性的特征。它们多被广场周边的建筑单体所围合，常与道路体系相连，道路从广场的一侧或中间穿越，成为狭窄的道路体系中放大的节点，又多依托寺庙、官署等建筑的出入口，形成宽敞的缓冲空间。这种特征与中世纪西欧城市中的教堂广场、市政厅广场等颇为类似，与古罗马时代的城市广场，以及其后欧洲文艺复兴时期的城市广场又多有不同。中世纪的西欧城市广场多位于教堂或市政厅之前，“均采取封闭构图，广场平面不规则，建筑群组合、纪念物布置与广场、道路铺面等构图各具特色”[1]，而且与江孜城内的广场空间一样，都没有经过专门的规划设计。古罗马时代的广场多因古罗马帝国的皇帝授意而建，其意为纪念或者彰显其武功，经过设计的广场空间常用轴线串联在一起，呈现出内向式围合的特点。欧洲文艺复兴时期的城市广场也多经过规划设计，同样由建筑单体或长廊进行围合，但已开始逐渐由封闭趋向开敞，且常有对称式的广场平面构图出现。

江孜城内的广场空间又有着自己独具的宗教特色。与欧洲广场中常立有方尖碑、喷泉、雕塑等元素不同，江孜的广场空间内常设有与宗教文化或宗教活动相

1 沈玉麟．外国城市建设史[M]．北京：中国建筑工业出版社，1989：48.

关的实体，如佛塔、塔钦（意为“幡柱”）、焚香炉、高台等，也有在重要建筑前立有石碑的，广场常用石质铺地（图 1–6）。从广场空间的特征来看，这些实体常成为广场的视觉中心。从广场空间围合的角度而言，又常常隐性地限制出广场的范围，也即这些实体多位于广场的边角处，而非广场的中心。从其实用的角度观察，这些实体与信众的宗教信仰密切相关。佛塔是膜拜转经的宗教建筑实体，焚香炉是焚香祭拜的器具，高台是高僧的法台，铺地是辩经的场所等，均满足了修行的需求。

图 1–6　白居寺前广场

第二章　江孜历史街区与传统居住建筑

第一节　江孜老街

第二节　江孜民居的特征

第三节　江孜贵族民居——帕拉庄园

第一节　江孜老街

到目前为止，西藏共有3处历史文化街区，分别是拉萨八廓街历史文化街区、日喀则老城历史文化街区、江孜古城历史文化街区。江孜镇下辖宗堆居委会、拉则居委会和加日郊居委会3个居委会和格吾村、江嘎村、强杂东村3个村委会。江孜老城历史文化街区现在属于加日郊居委会的一部分，当地人习惯称其为“加日郊老街”或“老街”。“加日郊”在藏语中是“围墙后面”之意，指位于白居

图2-1　新修的笔直的白居路把江孜老城区分成两部分

图2-2　白居路

寺和宗山城堡围墙之外，街区中的建筑都是居住功能的历史建筑。截至 2008 年 11 月，该街区居民共计 203 户，577 人。其中农民约占 30%，城镇居民占 70%。从图 2–1、图 2–2 中可以看出到，宽阔笔直的白居路以及正对路口在白居寺护城墙上新开辟的大门。这条为发展白居寺旅游开辟的水泥马路“白居路”把江孜老城区分成了东、西两部分。白居路以西的规划肌理采用明显的现代主义规划手法：宽度一致的角度精准的通道路网，规整的地块划分，行列式的平行布局。单体建筑虽然也采用了传统建筑的一些外观处理手法，但建筑体量普遍较大，且样式雷同。白居路以东为加日郊历史街区，是本节分析的重点。

1. 加日郊历史街区的空间布局

对于古城来说，街道比建筑更为重要，各种尺度的街巷与建筑构成了城市的形象。高耸的宗山城堡和背山而建的白居寺两个基本的“点”成为老城南北端的限定，内部通过加日郊老街道作为主要干架，各条小巷通道作为次生网络，形成了街区的街巷格局(图 2–3)，二层左右的民居顺着街道在山麓呈带状布置。

图 2–3　加日郊街巷结构

街巷并未做过规划，有的只是建筑之间的“空隙”，这种空隙完全是“非设计”的，是房屋建筑的“副产品”。正是这种“非设计”与“副产品”的状态造就了加日郊老街的“有机”与自然，形成了丰富的建筑肌理。

历史上，这里的民居首要解决的是如何满足农田劳作、农副产品交易以及领主阶级下达的其他任务。围绕寺院、宗堡依山而建是一个理想策略，既有益于前两者的安全，又可以避免挤占农田，也方便耕种。顺应地势因地制宜，也为解决拥挤、获得充分的阳光提供了便利。这是颇具创造力与感染力的——人们通过经久不衰的建筑行为在自然景观之上进行雕琢，通过既斗争又协调的方式，表现出种人与自然融为一体的品质。陡峭、狭窄的地形极大地制约了建筑的可能性，但从街区的历史看，地形的复杂却完全无碍民居建筑的发展。

街巷格局保持了历史原状，包括维持原有平面布局、街巷宽窄变化、空间开合，以保持历史感与独特的场所感。街道完全顺应地形山势而成；建筑单体体量小，

图 2-4 街巷尺度

图 2-5 院落布局，依山就势

图 2-6 江孜加日郊老街旧影（1927—1928）

密度大，主要通过院落的形式构成建筑布局（图 2–4、图 2–5）。单体的建筑艺术不高，采用多种平面组合模式，以适应地形；街区又通过建筑间紧密的联系，达到一种群体效果。

公共空间的营造也是街巷保护与整治工作的重要方面。加日郊老街在历史上是著名的商业街，是各类手工制品、农牧产品的集散地，对江孜地区甚至整个后藏地区，都具有重要的经济辐射作用（图 2–6）。但在今天，不论是对周边地区还是街区自身，它的商业功能已经微乎其微。在新的时代背景下，重新赋予其昔日地区经济中心的角色既是不必要也是不现实的。在街区全面发展的新时期，重新确定与梳理街巷的功能显得尤为重要。

2. 加日郊老街的建筑特点

江孜老城区历史悠久，保留相对完整，从建筑单体、建筑的空间组合到路网格局和街区形态，都具有鲜明的地方特色。加日郊街是加日郊街区内的主要南北向通道，北至白居寺，南与白居路相连，于 2012 年入选为第四届（批）“中国历史文化名街”。加日郊街是江孜古城最古老的街道，是古城形成的主脉。蜿蜒的街巷将居住、宗教和政府等建筑连为一体，并在街巷内保留了原有的生活状态，整体格局得到了完整保存。整个街区由 100 余座大院组成，布局较为随意，基本上沿街布置。院落大门多沿街设置，并严禁朝北开门。院落布局的随意性，造就了别具特色的街巷空间。这些空间容纳了各种活动，如人的通行、转经、放养牲畜以及日常交流等，充分烘托出古城内宁静、祥和的生活氛围（图2-7~图2-9）。

图2-7　江孜加日郊老街（2007）

图2-8　江孜加日郊老街（2011）

图2-9　江孜加日郊老街（2005）

加日郊街区内东部片区多为清朝晚期及民国期间修建的贵族、外国驻守人员的住所，虽然大部分房屋已年久失修，但整体格局保留较好，建筑形式多样，普遍在 2–3 层。该片区内现在较好地保留了贵族庄园竹向、尼泊尔办事处洛扎瓦、噶厦政府驻江孜商务办等历史遗存建筑。西侧片区为商人、平民住宅，建筑年代较东部片区的建筑晚，多为二层。历史上两个片区之间有玛尼墙隔断，玛尼墙两侧的建筑具有非常明显的差异，所住居民阶层分化现象突出。现在，两侧的对立性已经消失，但建筑布局和街巷格局并未发生大的变化。

加日郊街区从西到东的民居布局呈现出明显的阶级分布形式。靠近宗山一侧为贵族、官员的住宅，地位越显赫的贵族，其住宅地势越高。商人住宅大多数分布在地势较低的加日郊老街西侧，为前店后宅或下店上宅形式。普通住宅位于商人住宅的西侧地势更低的区域内。这种按照社会等级进行住宅布局的形式是西藏封建农奴制度与政教合一的政治体制的客观反映。

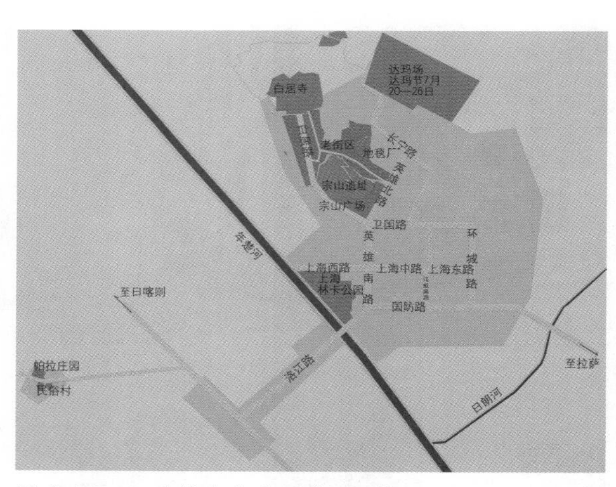

图 2-10 江孜城市总平面（2007）

2013 年 5 月，西藏自治区政府常务会讨论并原则通过《江孜历史文化名城保护规划（2012—2020）》，为江孜古城的发展带来了指导性的方向。江孜的历史街区，正面临推动基础设施改善与安居工程、街区保护规划编制的机遇（图 2–10、图 2–11）。

图 2–11 江孜加日郊老街早期规划图（2005）

在新的保护规划中，还将江孜宗山北侧的拉则老街划入历史街区的保护范围，使得加日郊老街与拉则老街连成一片，扩大了江孜的历史街区，有利于城市格局与风貌完整保存（图 2–12、图 2–13）。

图 2-12　江孜拉则老街（2011）

图 2-13　江孜拉则老街（2007）

第二节　江孜民居的特征

江孜古城历史文化街区的大多数民居从建筑单体看与后藏其他地区所见民居都相类似，很难说在风格上和单体艺术成就上有任何殊胜之处。

江孜民居建筑以石木和土木混合结构为主，采用木构梁柱与墙体共同承重的结构体系。建筑整体方正坚实，平屋顶，内部形成院落与天井，建筑的外观给人以稳重、敦实之感。

其造型的形成，固然有环境文化等方面的因素，建筑选材以及建造技术也是主要原因。西藏绝大部分地区石材资源充足，建筑材料以石材为主，毛石、片石、碎石以及阿嘎土是最重要的建材，其中阿嘎土更是西藏高原特有的土质。柳木、杨木、松木是常用的建筑木材，主要产于林芝森林地区。生长在海拔四五千米以上的高山上的边玛树是西藏特有的建筑材料，也是一种将社会等级体现在建筑上的特殊材料。建造技术在藏族文化中通常属于大“五明”中的“工巧明”[1]，其中与建筑有关的技术和工艺，大致有建造技术、金属工艺、绘画装饰工艺等。这些传统的工艺技巧对于民居建筑特色的形成起到了不可估量的作用。本节结合建筑选材和建造技术等，从以下五个方面对江孜民居建筑的结构造型进行探讨。

1. 建筑构造

（1）墙体

西藏位于世界屋脊，日照时间长，太阳辐射热量大，具有全年平均温度偏低、日温差大的特点。位于西藏西南部的江孜地区属温带半干旱季风气候区，年均日照达 3 189.8 小时，年均降水量仅为 292 毫米，冬季干冷，干湿分明。在这种极端的自然环境下，藏族人民创造出了一种“墙厚窗小，实多虚少”的外围护体系，并因此形成了独特的艺术表现力。

西藏民居建筑的外围墙体不仅仅用来增加内部木构架的刚性，抵御水平荷载，同时还要承受屋面垂直荷载。横向的梁边跨端处直接伸入纵向墙内，纵向的椽则在边跨端处直接伸入横向墙内。建筑的承重墙体都很坚实厚重，尤其是建筑的外

1　“工巧明”，在藏族历史上，一般将其传统文化归纳为大小“五明”，有的文献中也称“十明”。“工巧明”包括一切工艺技巧等学术。

墙，为了承受垂直荷载和抵御水平荷载，底部厚度通常都在 1 米左右。在民居建筑的墙内常有中空的洞，或有低矮、窄小的出入口，或封闭。中空的墙体一方面可以节约材料，一方面可以形成中空隔绝冷热的固体传递，从而达到更好的隔热保暖效果，还可以形成新的空间，用做储藏等功能。

江孜民居建筑的外墙都有明显的收分，土坯墙的外墙收分较小；建筑内墙面垂直砌筑，无收分。这不仅可以递减墙体的厚度，减小墙体对地基的承载力，降低自重，节约建材，而且还可避免墙体的外倾，增强墙体自身的稳定性，同时增加建筑物本身的艺术感染力。

江孜民居建筑的承重墙主要有两种砌筑方式：石块砌筑和夯土砌筑。民居的主体建筑多用石块砌筑，也有底层用石块砌筑，上层用夯土砌筑的。其他附属房屋多用夯土砌筑，也有用石块砌筑的，根据经济实力和地方上的建造工艺而定（图 2–14）。

图 2–14　石砌墙体

江孜民居石块砌筑技术不仅在中国甚至在全世界都堪称一绝。它是藏族工匠在长期实践中总结出的一套较为成熟的利用天然片（块）石、天然黏土砌筑石墙体、基础的技术。其精妙之处就在于将天然的成千上万块大大小小的块（片）石，以天然的黏土作填充垫层，用最简单的工具，凭借工匠们灵巧的双手和对石块、黏土之间关系的深刻理解，以及对力学原理的充分应用，建起石砌建筑物——一种代表了独特的建筑艺术成就和创造性的杰作。工匠们的砌反手墙技术是石块砌筑技术中颇为突出的一项。在整个砌筑过程中，不搭设外脚手架，脚手架均搭设于内墙，从内向外反手砌筑。砌出的墙体外墙面十分平整、美观，有“酷似砖墙”之感，这不仅是民居建筑的外墙特色，也是藏式传统建筑的外墙特色。

夯土砌筑技术在江孜民居建筑中的应用也比较普遍（图 2–15）。这项技术的关键是：夯土所用的土质应有较好的黏性，其中必须含有一定比例的小石子等骨

图 2-15　夯土墙体

料，以增强墙体的强度；加入的水分必须适度，以利于增强黏土的黏合性；同时，在墙体中适时加以横向和纵向的木筋，来增强墙体的整体性能，避免墙体开裂等。这种建筑外墙的外表为土坯墙，常抹泥浆打底找平，再用稀泥浆抹面，然后即用五指在一定的宽度内画弯拱形或半圆形，形成被称为手抓弧形纹的纹路。墙体外观干后既便于流水，又具有一定的视觉美观和装饰效果。

（2）木构架

在西藏民居建筑中，木构架以柱、梁、椽为主，它具有其他构架无法完全替代的地位。首先，藏族民居建筑内部结构主要以梁柱承重，梁柱是承重结构的核心区。其次，装饰或雕刻花纹时也都在木构架上做文章。另外，由于任何一个损坏的木构件在建筑维修中都可以随时更换，因而建筑物的寿命又相对延长，使得石木结构的藏式传统建筑可以保持上千年的历史。

木构架因参与承重体系，故而柱子显得粗大，梁显得厚重。其中又以底层的柱子尤为粗大，不施加工。上层的柱子会相对变细，装饰也愈加隆重华丽。民居建筑的木柱截面以方形和圆形为主。方形的包括四方抹角，圆形的也包括未经加工的自然形状。这与寺庙建筑复杂多变的柱截面不同，民居建筑的柱仍以实用为主。民居建筑中比较重要的房间的柱子多有明显的收分（图 2–16、图 2–17）。

柱头之上施以弓形替木，以凹凸之暗榫相连。替木分为上下两层，下层略厚于上层。替木的设置是为了加强柱节点强度，减小木梁净跨，使木梁所受荷载均匀传至木柱，故与梁一样厚重。替木飞出的两端常凿出曲线，以去掉两端多余的木质部分，使厚重的替木显得轻灵柔和，给人一种美感。弓形在替木之上，承托木梁。木梁沿横向即面阔方向架设，只有在少数民居建筑中设置有经堂天窗的底部才沿四周置梁，出现纵向（沿进深方向）架设的梁。因此，整个木构的纵向联系只能靠垂直于梁，沿纵向架设的木椽起作用。梁与梁之间对接于替木与柱头之中轴线上。木构架的联结不依靠铁件，仅靠简单的榫卯和相互之间的联结作用。

图 2-16 柱子

图 2-17 柱、梁、檐椽

（3）楼层与屋顶

江孜民居的楼层和屋顶并不是简单的木作，它与泥作是相结合的。建筑内部梁柱安装完毕之后，即于梁上安置木椽，木椽皆用圆木，常不作榫，交叉安放即可，但安放的间距比较密，一般为 30~40 厘米。木椽之上又有数层垫层。首层铺垫物是事先劈好的木柴，沿与木椽垂直的方向密集地铺设；其上又横铺一道树杈枝或者灌木枝；最后才开始铺垫黏土，常用的是阿嘎土，经过数次夯实基本完成。民居建筑中，也有在土质楼层上面铺设木地板的，但并不是普遍的现象。

江孜民居都是典型的藏式平屋顶，屋顶的做法与楼层的做法相比存在着不同点，不仅表现在铺垫的阿嘎土的厚度和密实度上，还表现在前者施工时需找出一定坡度和预留排水孔，以便排水。同时，在屋顶的四周一般都加砌女儿墙。女儿墙上先铺一排短木，于其上横铺长木条，上面再铺一层藏语称为“檐巴”的薄石片，最后捶打一层阿嘎土以保护墙体（图 2-18）。

图 2-18 江孜民居屋面

边玛墙是西藏传统建筑中

特有的女儿墙样式，通常用于寺庙和宫殿建筑中。在一些比较有身份和地位的贵族或者是活佛喇嘛的民居中，也被允许使用边玛墙，并依据等级地位的不同而有不同的造型，主要体现在边玛墙砌筑层数上。从建筑角度讲，做边玛墙还可减轻建筑物顶部的自重，并达到装饰的效果。

图 2-19 “苏觉”

民居建筑屋顶的四周还搭建有高约 1 米左右的墙垛，藏语称“苏觉”或“勒序”，主要用以插挂经幡，这也是最富有民族特色的屋顶造型之一（图 2-19）。五色经幡为厚重质朴的民居建筑带来的灵动色彩，蓝、白、红、绿、黄五色代表构成大自然的五种物质。

图 2-20 变化的屋面

虽然藏式传统建筑“屋皆平顶”的特点已为人所共识，但究其实，“平顶”只是相对而言。从民居建筑来看，它的楼层和屋顶常因室内净高的影响而多有高差起伏；通常主要房间的室内净高会比其他房间的高出一些，最突出的是在设有经堂的民居建筑中，为采光需要，常常设置天窗；又因有直通屋顶的楼梯，常于其上修建高出屋顶约 1.5 米左右的建筑顶棚；更有在厨房设置较小的天窗以利通风。这些都使得屋顶显得高低起伏，多有变化（图 2-20）。

（4）门窗

民居建筑的门窗形式多种多样、风格各异，即使在同一栋建筑中，因房间功能的不同也有很大差别，通过门窗形式设置的不同还可反映出一定的社会等级。

大型民居宅院的大门多由门框、门楣、斗栱组成（图 2-21）。门主要为板门，这些门的构造大同小异，一般在预留的门洞里立门框、上槛木和下槛木。门的过梁与上槛之间出挑方椽头，简单的只在两端各挑一个，有的出挑一排，椽头做成弧形，还有彩绘装饰。有些民居主体建筑或者是院墙的大门出檐较大，有“二盖二椽”，也有的为“三盖三椽”，这在藏语中统被称为“巴卡”。同时，为了加大檐部的出挑，门洞两边上部有拱木向外伸出，承接斗、栱和梁枋。其上放置装饰椽头，再铺石片做门檐。

图 2-21　民居的大门

通常，民居建筑的底层开窗较小，窗洞口往往随着层数越向上开洞越大。因为建筑底层多作为仓库和牛马圈，主要使用空间在上层，需要较好的采光，这种做法亦可使墙体重量上轻下重，结构更稳定（图 2-22）。底层小窗门洞宽度在0.5~0.8米左右，窗槛框上用木条组成菱花窗格，或做成直棂窗。

图 2-22　民居的外立面

人们对门窗的大小、朝向等也总结出有益的经验：起居室、主要卧室等主要使用空间设置较大的窗户，且主要朝向南、西面，以方便吸纳更多阳光；次要房间的窗户大都很小，甚至没有直接对外的洞口，留下一面简洁与完整的白墙，减少热量的损失。在江孜民居中，主体建筑转角处也设有落地转角大窗。落地大窗是较高级的做法，不仅可突出建筑立面的虚实对比，加强阴影变化，也是身份地位的象征。

窗子的做法与门大致相同，窗过梁上一般都做成两层称为“千母子”的椽头，上铺石片，打制阿嘎土。但椽下没有斗栱，上层两端斜放的装饰椽头略长些，逐步摆成 45 度，形成转角。所有门窗的周边有 0.3~0.5 米宽的黑色梯形边框，藏语称为“那孜”。上窄下宽的窗框不仅加大了门窗的尺度，还与建筑墙身的收分相呼应，显得自然得体（图 2–23）。

图 2–23　窗立面

（5）装饰色彩

在江孜历史文化街区，民居建筑表现出一种以白色为主的基调，局部则用红色、黑色作为点缀装饰。藏族传统中，这三种颜色分别代表了不同的信仰崇拜。

藏族的白色崇拜是在自己的生存环境中逐步发展起来的。皑皑雪山、纯白的奶汁、白色的羊群形成了“藏族先民对纯洁、皎洁、无瑕的本能崇拜”和尚白的初步观念。西藏的本土宗教——苯教出现后，更加体现了对白色的情感，它包含了对白色自然现象、自然物的敬畏，视白色为圣洁、光明。久之白色也成为神的形象，如珠穆朗玛峰女神全身白色，骑白狮；白色的冈底斯山是人们心中的“神山”，白色石头也被人们认成“灵石”放置在屋顶。之后，便有了白色的哈达、白色的帐篷与建筑的白墙。白色建筑在藏语中意为“点点繁星”，这是藏人对白色的喜爱之情的体现。

在大面积的白墙之上，点缀有不宽的红色装饰带，这与苯教杀牲血祭这一原始仪式有关。黑色的门窗边饰则来源于古代的“牦牛”图腾崇拜，黑色是牦牛的颜色，上小下大的边框则象征牦牛威猛的犄角，以此祈求吉祥。这种做法不仅具有很强的装饰性，也赋予了建筑稳重、庄严的性格。

高原独特的地质构成也为建筑提供了丰富的建筑材料来源，就地取材成为其特点之一。建筑中常用的三种颜色材料——白土、红土、黑土，即产于西藏本地，可以说西藏民居建筑呈现的装饰色彩与此不无关系。传统藏式建筑的装饰色彩追求强烈的对比效果，不仅表现在起用高纯度夸张的色彩，还表现在大胆地使用补色和黑色上，使建筑显得粗犷豪放又不失沉稳厚重，与汉族的色彩审美取向截然不同。此外，建筑装饰还采用其他诸如金属、棉毛丝织品、植物等作为装饰材料，并发展成为专门的工艺技术：镏金、镶嵌、编织等。这些特殊材料的巧妙运用，使建筑更具表现力，同时也由于装饰题材含有的多种意义的渲染，加强了建筑的文化气息。

不同类型的藏式传统建筑在装饰色彩的使用上有着不同的特点，遵循一定的等级规律。通常情况下，建筑等级越高，装饰越华丽考究，色彩使用越丰富多变；建筑等级越低，装饰色彩使用越简单质朴。民居建筑的等级虽比宫殿、寺院建筑低，但装饰色彩丰富多样，建筑的外墙内壁、檐部屋顶、梁柱斗栱、门窗等装饰色彩各异，十分鲜明，极富特色。

2. 空间格局

建筑空间格局是人们改造环境，使之与人的生活习惯与方式相符的结果，它最为真切地反映了生活的点滴。在江孜历史街区中，传统生活空间大致包括：用于家庭生产劳动的牲畜圈、草料储藏室、晾晒奶渣或卡垫等农副手工的制作间；用于家庭生活起居的起居室、卧室、厨房、旱厕；用于精神祈祷的家庭佛堂等等(图5-24）。

各类生活空间都有较为固定的位置，反映了一定的生活观念。如底层基本都作为牲畜用房、储藏间等生产型功能空间，空间封闭，很少考虑采光通风的因素，而更多考虑安全性；二层作为主要的日常活动空间，往往结合二层的露天庭院及檐廊展开，充足的阳光、良好的通风和花草绿化赋予空间开朗与活泼的品性；起居室与卧室往往布置在南侧，开着大窗，起居室与卧室、厨房通常混合使用。典型的藏式室内布局是（图 2-25）：卡垫床沿墙布置，可坐可卧；在一面或两面墙靠立精雕彩绘的藏柜，摆放生活用

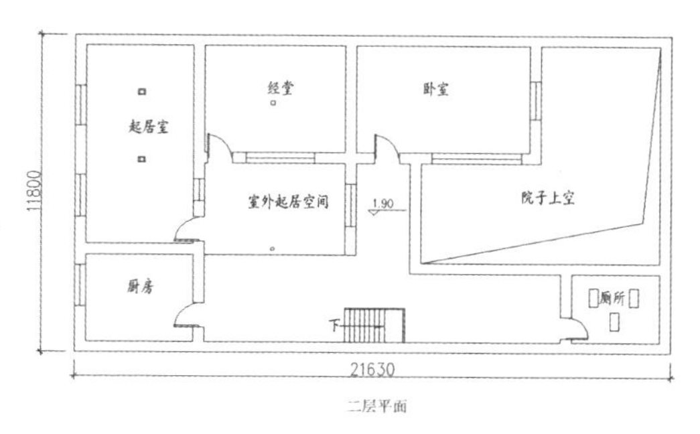

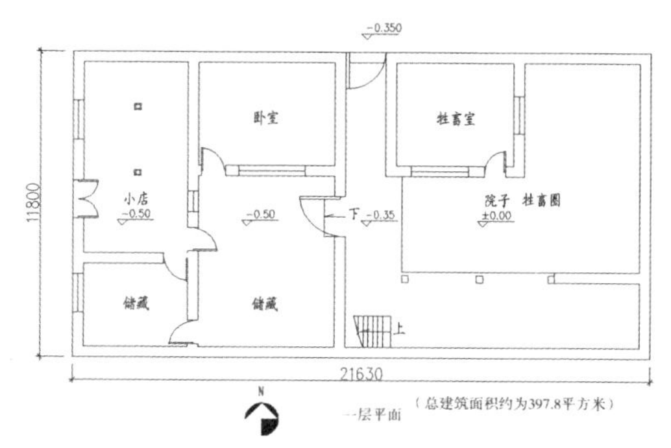

图 2-24 典型江孜民居平面

图 2-25　起居室典型布局

具；中间靠柱的位置摆放藏式茶几。

图 2-26　经堂

家庭佛堂必然安排在最为神圣崇高的位置——与起居室同层或上层的北侧，并且其屋顶往往向上抬高，既营造了好的光照环境，也尊示着其殊胜的地位。佛堂往往是家中最为华丽的地方（图 2-26），不论贫富与空间大小，人们都愿意花最大的精力来装扮这一神圣的场所。色彩繁复且精雕细刻的佛龛、佛像与供养的唐卡及供水铜碗、酥油灯等等构成了平常人家中生活的精神世界。

第三节　江孜贵族民居——帕拉庄园 [1]

庄园，藏语称豁卡，出现于 10 世纪后半期，到 13 世纪，普遍确立了领主庄园的土地经营制，也就产生和发展了庄园建筑。庄园建筑，既是领主或代理人的生活场所，也是管理所有豁卡及其农奴的权力中心。大多数选择在交通方便、气候宜人、物产相对丰富地方，而且多为高墙式建筑。江孜的帕拉庄园便是如此。

帕拉，是帕拉觉康家族的简称。在旧西藏众多的贵族中，帕拉家族是仅次于

1 徐平，路芳．中国历史文化名城江孜［M］．北京：中国藏学出版社，2004：270．

历辈达赖喇嘛家庭构成的“亚豁”[1]家族，是西藏贵族中的五大“第本”[2]家族之一。在300多年兴衰史中，家族成员中有不少人担任过西藏地方政府官员，甚至担任过噶伦（四品官员）的就有5人，比当时江孜宗山府首脑的官职都高。在西藏现代史上，帕拉三兄弟扮演了极具代表性的重要角色。老大帕拉·土登为登担任十四世达赖喇嘛的“卓尼钦莫”，即大管家，多次参与和策划分裂活动；老二帕拉·扎西旺久经营庄园，也封有“仁悉”（四品俗官）头衔；老三帕拉·多吉旺久担任过达赖警卫团的“代本”（团长）。1959年，3人都随达赖集团流亡国外。在经济上帕拉家族拥有大量的庄园和农奴，采取典型的封建农奴制剥削方式。难得的是，距江孜县城西南约2公里的江热乡班觉伦布村帕拉农奴主庄园，在剧烈的时代变迁中，历经沧桑至今保存完好，是西藏至今唯一完整保留下来的封建农奴主民居，为人们认识旧西藏的封建农奴制提供了宝贵的标本。帕拉庄园1996年被列为西藏自治区重点文物保护单位，2013年被评为国家级重点文物保护单位，现在已作为旅游景点和爱国主义教育基地对外开放。

关于帕拉家族的创建者说法很多，但据《西藏志》一书记载：“帕拉，考其始祖，实为一不丹僧人，来自不丹西部扎西卓庄地方的帕觉拉康寺。”[3]大约在17世纪中叶该僧人投奔了西藏，“政府又复赐班觉伦布土地，共计田庄一百三十处，去江孜仅一日路程，该僧人踌躇满志，遂取名帕拉，帕拉者帕觉拉康之简称也”。帕拉得到吞巴家族[4]的提携，出任西藏政府的官员，遂慢慢演变为西藏有权势的大贵族。帕拉家族的主庄园，最早建在江孜县仲孜乡的萨鲁庄园。经过100多年积聚实力，在18世纪80年代帕拉家族出了第一位噶伦，这位能人丹增朗杰将主豁卡从萨鲁庄园迁到了江孜城东的江嘎庄园，并修建了规模宏大的房屋——“岗居苏康”。据藏历火龙年（1796）噶厦政府所作的房产记录，“岗居苏康”不仅院落宽敞，而且坚固实用，建有马厩、炒房、回廊、卧室、大厅、经堂、阳台、厕所、仓库、厨房等数十间房屋。

1904年荣赫鹏率领的英国侵略军进犯西藏，在江孜受到西藏军民的沉重打击，

---

1 “亚豁”家族是历代达赖喇嘛的亲属和后裔组成的特殊贵族阶层，从第七世达赖喇嘛开始，每一代新的达赖喇嘛转世，他的家族立即被封为贵族，专称为“亚豁”家族。

2 “第本”家族，即古代的王族后裔传承下来的贵族家庭。

3 转引自：次仁央宗．西藏贵族世家 1900—1951［M］．北京：中国藏学出版社，2005:88．

4 吞巴是该家族在拉萨宅第的名称，该家族最大的民居“吞米”位于拉萨市尼木县，据说该家族是吐蕃大臣吞米·桑布扎的传人。

他本人也险些丢了性命。5 月 24 日英军援兵到后，于 26 日重点攻击由 600 名民兵守卫的江嘎村，以突破藏军的包围。残暴的英军在先进武器的掩护下，用炸药和汽油将当时只有 6 户人家居住的江嘎村变成一片火海，藏军在杀死英军加斯丁及其他两名大尉和大批英军士兵后，因伤亡过重退出江嘎村。“岗居苏康”以及帕拉江嘎庄园的所有房屋都毁于战火。

在这以后，帕拉家族走向衰落，老帕拉平措朗杰至死仅官至宗本，家族庄园也基本委托谿堆管理。平措朗杰的二儿子扎西旺久，眼看家道衰落，只好从林朴寺还俗回家经营家业。扎西旺久由于不满意父兄安排的兄弟共妻婚姻，且考虑到家族产业主要在后藏，因而大概在 1936 年从拉萨回到了江孜，于藏历火牛年（1937）将主谿卡从江嘎迁到班觉伦布村。当时家族仅有几间平房，经过扎西旺久 10 余年的苦心经营，加之其兄土登为登和其弟多吉旺久在官场步步走红，帕拉家族势力又呈蒸蒸日上之势。扎西旺久从 20 世纪 40 年代中后期开始兴修庄园，用了 10 多年的时间，从西向东逐渐增修，直到 1955 年才最终建成我们现在所看到的帕拉庄园（图 2–27）。

图 2–27　帕拉庄园建筑群

西藏民主改革前，该家族在江孜县、拉萨、白朗县、亚东县、山南等地区拥有 37 座庄园、15 000 余亩土地、12 个牧场、14 000 余头（只）牲畜、3 000 多名农奴，其中主庄园——班觉伦布庄园就拥有农奴 100 多。整个庄园建筑高大雄伟，有房屋 82 间房屋，约 5 357.5 平方米，设有经堂、会客厅、卧室和专门玩麻将的大厅。房内雕梁画栋，富丽堂皇。经堂陈设考究，卧室之中，金银玉器琳琅满目，还有名贵食品、餐具、进口酒、进口白醋、珍贵裘皮服饰等，极其奢华。这一切与朗生院里家奴的生活条件形成了鲜明对比。

帕拉庄园建筑除了具有藏式传统建筑的一些基本特色之外，也存在着独有的建筑特点。它介于宫殿、寺庙等高级别建筑与普通民居建筑之间，既有建筑奢华的一面，又有质朴粗犷的一面。帕拉庄园的空间布局不仅反映了当时贵族、官员以及喇嘛、活佛们的生活状态、精神追求，更在一定程度上成为连接上层阶级和下层平民的一个场所，表达着一定的场所精神。

1. 建筑群的空间布局特点

帕拉庄园雄踞班觉伦布村的中央，坐北朝南。南向的庄园正门（图 2–28），由两扇厚重漆黑的大门构成，门口高竖两个挂满经幡的旗杆，既为招运，更炫耀着帕拉家族的不可一世。围墙内是庄园的外院，地面铺着青石板，东面是牲畜棚圈，按公母和种类建有若干圈舍，同时也是单身朗生晚上睡觉的地方。

图 2–28　帕拉庄园正门入口

正北穿过门楼，就进入庄园的内院，内院同样铺着石板路面，宽敞的院落主要用来晾晒羊毛和供朗生们做羊毛活，有时也在这里跳舞、表演藏戏。

如图 2–29 平面图所示，大院北面是三层高的主楼建筑，这是领主起居生活和社会活动的场所，是庄园的核心所在，因而建筑高大、宽敞、雄伟，东西南三面环绕二层内廊式建筑，是管理人员起居工作和朗生从事庄园内劳动的工作场所。西面还套有一个小天井，四周都是存放粮食和各种物品的专门仓库。这种建筑格局，既保证了主楼良好的采光，又显示出众星拱月的效果。主楼二层的东面，有楼梯通向庄园的后院，后院基本是供领主生活和

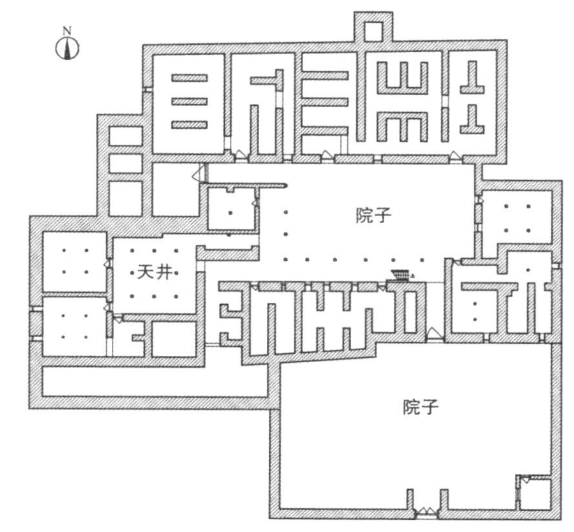

图 2–29　帕拉庄园首层平面

享乐的后花园。

从主楼到后院，楼梯正对着是西向一大一小共两间的外廊式平房，称做“加色康”，是专门给领主做饭的厨房。北面一点是领主冬夏季节避寒暑的专用平房——“古则学”，地面铺着木地板，二小间一大间。“加色康”意为汉式厨房，因为庄园主更喜欢汉式的炒菜。“古则学”据说是印地语，当地人也说不清楚其准确含义。再北面是厕所和看门人小屋，中间是东大门。沿着后院高大结实的围墙栽种一圈参天杨，形成后院的绿色屏障。花园里种有各种果木花草，沿着石砌的小道，在花园中央有一座凉亭，这是主人赏花观月和夏天宴会以及娱乐的地方。围墙外面，是帕拉家郁郁葱葱的林卡（图 2–30）。

庄园的正南面，是帕拉家最大的朗生院（图 2–31），它作为帕拉庄园不可缺少的一部分至今保存完好。朗生院总面积 150.66 平方米，呈居住着 14 户 60 多名朗生，最大的房间 14.58 平方米，最小的仅 4.05 平方米，人均居住面积为 2.5 平方米。

朗生住房拥挤、低矮、阴暗，形同牢笼，与贵族的豪华住宅形成鲜明对比，家奴们祖祖辈辈就住在这些低矮、阴暗的房间里。而居住在这里的朗生除了每户有极其简单的生活用具外，一无所有，受尽了剥削和欺压。民主改革前，这里住着 14 户 60 多人，在帕拉庄园从事织卡垫、织氆氇、作马夫、炊事、酿酒、作裁缝、当侍卫等繁重工作。

朗生院旁边是大差巴户扎西吉康家 6 柱的平房。庄园的东面，穿过一片林卡，是帕拉学校旧址，民主改革后成为乡政府所在地，1987 年撤区并乡后，乡政府迁至原区政府办公，这里就变成了乡奶渣厂。再西面是大差巴户扎西康萨家，建有

图 2–30　夏天的帕拉庄园后院

图 2–31　朗生院（与帕拉庄园一街之隔）

5柱的平房。靠南一些是庄园管家丹达的5柱平房，但他们全家大多数时间都生活在庄园内。

此外，在庄园西南面二层房顶的平台上，还建有全村的“生”神祭台（图2-32），称做“格拉”。格拉被看做生命之神，主管人们的出生和健康。每年藏历正月初三和六月中旬各祭一次，主人、朗生、差巴户各自前往祭祀，老朗生们因大多出生在江嘎庄园，因而在夏天时还要回江嘎专门祭祀那里的“格拉”。在村子的东面林卡里，有祭祀地神的祭台，称做“域拉”。为了祈求风调雨顺，从事农业的差巴们在藏历六月之后，每周都要集体举行一次祭祀活动，虔心成求神保佑有一个好的年景，不事农业的领主和朗生都不参与祭“域拉”的活动。村子西面2公里的江热村，有一座小佛堂“江热觉康”，北面4公里的江孜更有著名的白居寺，在家庭遇到特殊事情和佛教节日时，人们就会去这些寺庙与寺庙的喇嘛联系。

图2-32　格拉祭台

帕拉庄园整个平面布局包含两进院落，第一进由院墙和二层高的群房围和而成，第二进由庄园的主楼和二层高群房围合而成，在第二进院落的西南面还有一个比较小的院落空间，包含在群房之中。综上所述，院落空间的存在使庄园建筑的空间布局呈现出多样组合的特性，反映了西藏封建农奴制社会、经济、文化等多方面的特征。

当时的班觉伦布村是以帕拉庄园为核心布局的，村内所有的居民都是帕拉家的农奴，所有的房屋也是围绕领主的生产和生活来建造的。经济和社会地位越低，对领主的依附性就越强，这在居住格局上表现得十分明显。以帕拉庄园为核心，首先是朗生生产生活的场所，然后是4户较贫穷的差巴户，外圈是2户大差巴户和管家家庭。周围3公里以内，散居着主庄园的其他差巴家庭。再扩大到附近的自然村，大多是属于帕拉家族的庄园。

2. 帕拉庄园单体的空间布局特点

依据民居规模大小的不同，庄园主体建筑的使用功能表现出多样统一的特征。帕拉庄园一层主要是仓库、朗生和牲畜用房；二层向阳的房间多为农奴主或民居经管人的卧室和办事房，其余房间分别用做食品衣物储藏室、厨房、各种手工作坊等房间；三层是宗教和领主生活用房（图 2–33）。

从南大门穿过前院进入大院，底层建筑基本属于仓库性质。北面主楼底层正中是大门， 进去后有宽大的楼梯通二楼，这是主人和客人使用的上楼通道。左面是专门储存豌豆的大库房，右面是存放各种工具以及油菜子和油菜饼的大仓库。东面是储存朗生专用的下等粮食仓库。南面过道右边是干羊粪仓库，有门与南边的羊圈相通。过道左边第一间房，是专门存放牛羊意外死亡后牧民作为证据交来的皮张及羊毛，第二间房专门用来存放木料，第三间房存放青稞草。南面底层为廊式建筑，紧靠过道左边有楼梯与二层相通，这是下人们使用的通道。西面一间为种子库，一间为凹进一截的柴火房，这里和旁边的大库房，也是帕拉关押“犯罪”农奴的地方，里面极为阴暗潮湿，进去后关上门，给人一种窒息般恐怖的感觉。西面还有过道通小天井，有两个仓库专门储存差巴户上交的青稞。

上到二层，东西南三面为内廊式建筑。东面的第一间是 2 柱大的酿酒房，实际上是女管家拉珍及其子女的生活用房，第二间是真正的酿酒和储酒房，走廊北面有门通往主楼。南面套间是庄园大管家“强佐”的生活办公用房，旁边是强佐侍从房，楼梯口旁是厕所。接着是 4 柱大的羊毛仓库，里面套一间专储毛线的库房。

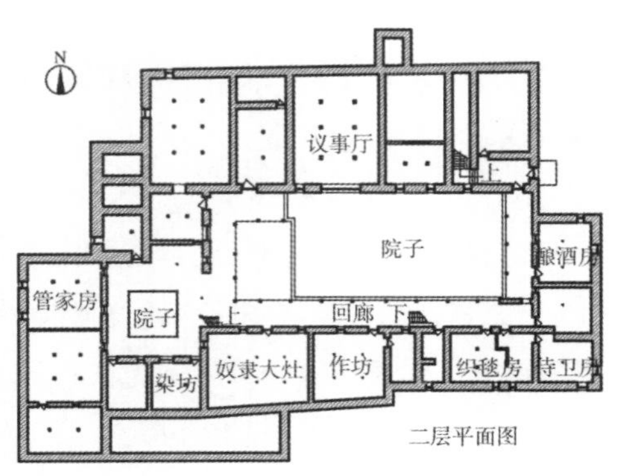

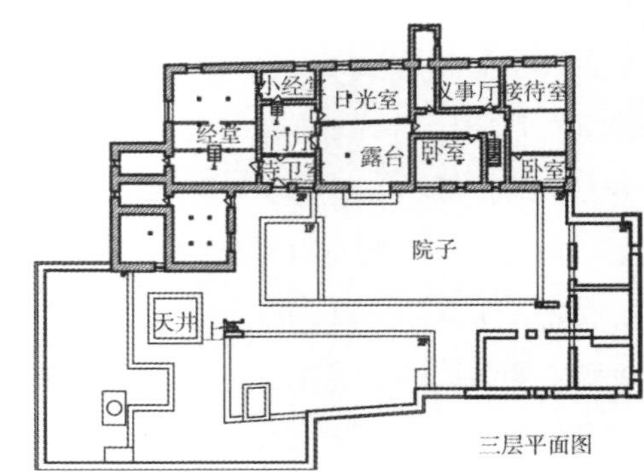

图 2–33　帕拉庄园二三层功能平面示意图

最后是朗生专用厨房，前面有楼梯通向楼顶供奉“格拉”的平台。西南面沿小天井有染房，存放各种口袋绳索的库房，一间 2 柱、一间 4 柱的青稞仓库，角落里是农奴专用厕所。正西靠小天井的走廊上建有藏历年和平时为主人炸面食的灶台，接着是管家聂巴丹达的办公生活用房，里间是与主楼相连的 6 柱大房的仓库，储藏和提供庄园日常生活用品，聂巴助手也住在这里。前面还建有一个大平台，有门连接主楼二层，是朗生们进楼为主人服务的主要通道。从这里进入主楼，一层到二层以及去三层的楼梯口也在这里，正北是供帕拉家庭保护神——拉姆的护法神殿，拉姆为一妇女骑骡塑像，名班丹拉姆，汉译吉祥天女，也被称做古松图丹，意为保护庄园神。东面是称为议事厅的大房，供有佛龛，平时有一人值班念经。藏历年时，农奴们必须穿着整洁的衣服，放下发辫，手捧哈达，毕恭毕敬地向领主拜年，以仪式强调主仆和依附关系。再向东，北面是一大间贵重物品仓库，储藏氆氇、卡垫、洋布、档案及编了号码的各种箱子，由扎西旺久最信任的庄园女管家拉珍掌管。南面是上三层、去后院和通外廊的门厅。

值得一提的是民居主体建筑的顶层空间，一般分为两部分，一部分是房屋，另一部分是下一层的平屋顶，常可在屋顶晾晒衣物等。顶层开朗辽阔，有居高临下的优势，便于瞭望与防守。配房的东南两面都是楼顶平面，在西南角建有“格拉”祭台，还有一座煨桑用的“桑固”，每到初一、十五在这里燃熏松柏粉及少许糌粑祭神，像帕拉这样的大贵族家庭，平日早晚也要祭拜。

三楼的议事厅里（图 2-34），逼真的蜡像展示了扎西旺久及夫人正在与西藏几位要人打麻将，边上三名家奴低首弯腰恭敬地伺候着，硕大的野牦牛角盛满青稞酒，进口的高脚玻璃杯内装着从英国进口的威士忌，银盖瓷碗盛着酥油茶，桌上还摆放着进口的罐头、饼干等食物。贵族的生活无比惬意。

图 2-34 议事厅场景

经堂是建筑中最神圣、庄严的地方，常设在顶层，不受干扰，以示对佛的尊敬。帕拉的家庭经堂“朗达郭松殿”，其豪华气派在江孜首屈一指。屋内靠北面的五分之四面积，是用木地板铺成的高台，由三级造型优美的木梯连接。台上严丝合缝地铺着整张图案华丽的纯羊毛地毯，中间是一汉式雕花门洞，木门、隔板、高台、护栏以及藏柜上，全部雕绘着《三国演义》《水浒传》《红楼梦》《西厢记》等故事以及著名的成语典故。空中垂悬着藏式的经幢，四面墙上挂满唐卡，佛龛上供奉着金、银、铜、泥各式佛像，也摆满金、银、黄铜、白铜的各式供佛用具，非富丽堂皇四字不足以形容。

图 2-35　日光房

门厅正北是帕拉·扎西旺久个人用的念经房，有小门与经堂相通。由于曾出家为僧，扎西旺久还俗后仍保持了许多僧侣的生活习惯，几乎每天都要在这里念经打坐。东北面是宏大的日光室，用来举行大型招待会，宴请权贵。每年例行的三次家庭大法会也在这里举行，每次 7 天，邀请几十名喇嘛。日光房也是扎西旺久冬季的卧室（图 2–35），室内雕梁画栋。

日光室南面是落地大玻璃窗，外面是阳台（图 2–36），扎西旺久经常在这里亲自监督农奴们劳动。穿过阳台向东是走廊，墙上挂着成串的庄园钥匙和各种惩罚农奴的刑具。走廊南边是扎西旺久妻子俊美的卧室，各种奢侈品和华丽用具，在今天看来也足

图 2-36　庄园主立面

够气派。北面一边是上楼顶的楼梯和厕所，一边是两名侍从休息和听差的房间。走廊尽头的南面，是下二层的楼梯和堆放冬季取暖燃料的地方，东面又进入一个小天井，天井南面是主人扎西旺久的卧室，北面是小客厅，专门接待有身份的人，贵族们常聚在这里打麻将。

图 2-37　帕拉庄园二层屋顶及庭院

顶层其余的房间又叫做敞间，因通风条件好，供风干存放肉类或粮食之用，可以说是西藏居民依据自然环境而设的生态的储藏空间（图 2-37）。

帕拉庄园主体建筑平面多为方形、矩形，或近似矩形，这与佛教坛城的方形空间概念有关，佛教坛城的平面即为规整的正方。但民居主楼规整的平面构图又常被突出于墙体之外的旱厕所打破，成为平面构图中比较灵动的一点。有的旱厕则稍远离主楼建筑，通过走道或天桥相连接。

帕拉庄园主体建筑多为天井式平顶楼房。天井空间从底层贯穿至顶，面积不大，空间较小，与前院宽敞的空间院落形成鲜明对比。帕拉庄园的主体建筑是一栋三层的平顶楼房，在该楼房内设置有内天井，形成“回”字形的天井空间，有效地改善了建筑的通风采光（图 2-38）。同时，该天井空间与前院的院落空间因大小悬殊的对比，形成较为封闭的空间环境。

单体建筑内部的平面布局构图常不遵循中轴对称的原则。尽管我们从外

图 2-38　帕拉庄园天井空间

立面上很容易得出建筑单体左右对称的结论，但建筑单体的内部空间布局实际上非常复杂，房间分隔因功能的不同而有较多变化。

图 2-39 帕拉庄园楼梯

建筑内部连通各楼层以及屋顶的交通空间比较灵活多变。帕拉庄园起连通作用的木制楼梯设于进门左侧，其上各楼层连通空间的设置不拘一格（图 2-39）。这与中国传统的楼房建筑以及现代楼房建筑的楼层联系空间有着明显的差异。在中国传统的楼房建筑以及现代楼房建筑内，楼层联系空间多上下贯通，流线非常顺畅，可从底层直达顶层，而在西藏的民居建筑中上下贯通的交通联系空间实例非常少见。多数民居建筑中的楼层联系空间多变且无规律可循的，由功能驱使，为方便主人生活而定。同时，这些木制楼梯质轻，便于灵活地搬动，可以尽量地少占用空间，这也是藏式建筑的共同特点之一。

第三章　江孜宗

第一节　「宗」的含义

第二节　「宗」在城市中的位置和地位

第三节　「宗」的功能布局分析

走进古城江孜，最引人注目的就是城西高耸于陡峭的山峰上错落有致的宗山建筑。宗山建筑从山顶俯瞰四周，将东面的江孜古城、北面的白居寺、南面的年楚河冲积平原尽收眼底。同时，这组建筑群也见证了古城历史的变迁。

第一节 “宗”的含义

“宗”是音译，作为建筑名称最早出现于吐蕃王朝时期。《西藏志》中译为“纵”：“凡所谓纵者，系傍山碉堡，乃其头目碟巴据险守隘之所，俱是官署。”魏原所著《圣武记（西藏后记）》中记载：“全藏所辖六十八城……所谓城者，则官舍民居堑山建碉之谓。”《大清一统志（西藏）》中记载：“凡有官舍民居之处，于山上造楼居，依山为堑，即谓之城。”这里的“城”，就是我们所说的“宗”。据史籍可知，古代的宗一般是各大、小酋长的驻地，如城堡、营寨、要塞之类有别于普通民居的特殊建筑。后来经过发展的宗山建筑，包括经堂、佛殿、宗政府、监狱、仓库等，一般建造在山头上，山下则为居民区。宗山建筑的最大特点是具备完备的防御系统。

元朝末年，帕竹政权掌权（1354—1618），大司徒绛曲坚赞废除了萨迦时期的万户制度，在乌思藏的紧要地区建立了 13 个大宗进行管理。各宗政府都设有宗本，每 3 年更换 1 次。“宗”又作为西藏地方行政组织基本的单位名称出现，相当于内地的县。宗制度最大的益处就是宗本的定时更换，避免了万户制度下世代相袭的弊端，消除了因家族势力过度膨胀而容易形成的不稳定局面，大大地稳固了帕竹政权的根基。

清朝时期，西藏社会沿用了明朝帕竹政权确立的宗、谿卡制度。随着统治范围的扩大，宗一级机构不断增多，清朝时期称“宗”为“营”。《大清会典》卷九百七十七（西藏官制）中记载前后藏共有 124 个营，计前藏 92 营，后藏 32 营。每营设营官 1 人或 2 人，以管理各个辖区内的属民。一直到西藏民主改革之前，“宗”都是西藏地方行政机构的称谓。

第二节 “宗”在城市中的位置和地位

吐蕃时期，封建领主开始建立宗寨，其属地的农牧民围绕宗寨居住，形成一个个小部落。这些部落通常选址在地势平坦的地方，宗寨则通常位于关口险地，据险而守，保卫着它的子民。从这时候开始，宗就处于部落的中心位置。到了明朝时期，十三大宗的建立更加强了宗的地位。《西藏王臣记》记载："于卫部地区，关隘之处，建立十三大寨，即贡嘎、扎嘎、内邬、沃喀、达孜（图3–1）、桑珠孜、伦珠孜、仁邦等等是也。"十三大宗所在地都是重要地段，承担着卫藏地区的安全防卫功能。到清朝，中央政府专门设置大营、中营、小营和边营，管理藏区各部。这些营均有着防御性质，其中以边营最为明显，它驻在西藏边境，抵制邻邦的入侵，负责整个西藏的安全。现在大多数宗堡已经损毁，但是从仅存的几个宗建筑以及宗山遗址中还是可以看出，这些宗具有明显的瞭望防御风格。而我们所知的 17 世纪重建的布达拉宫，既是达赖的驻锡之地，也是"政教合一"的权力中心，从某种意义上，布达拉宫就是西藏规模最大的"宗"。

图 3–1　从桑阿寺拍到的居于山头的达孜宗遗址

以江孜宗为例。在前文"江孜的历史沿革"中已记叙到：吐蕃王朝覆灭后，进入群雄割据的时代，江孜一带被赞普后裔法王贝考赞占领，他在山上开始新建王宫。整个建筑群初建于 967 年，距今有一千多年的历史。14 世纪萨迦王朝的朗钦帕巴贝桑布在宗山上重建宫殿。清朝时，设置江孜宗政府于宫堡内。1961 年宗山建筑群被国务院列为全国重点文物保护单位。

江孜宗堡的建造年代根据白居寺藏抄本《娘地（江孜）佛教源流》记载："朗钦帕巴贝桑布四十八岁的木蛇年（乙巳，元至正二十五年，1365），建大宫寨于山上，名江喀孜。"1365 年夏喀哇家族开始有规模地新建堡寨，比白居寺的建设早了 53 年，但宗山上最古老的建筑法王殿建造历史可以追溯到 964 年贝考赞在此建立王宫的时候。

第三节 “宗”的功能布局分析

在介绍宗山的功能布局之前，我们先以江孜宗为例，了解旧西藏地方政府机构的管理和运行。江孜宗以年楚河为界，分为南北两片，东至浪卡子雪山，西至白朗雪山，北接日喀则、仁布，南到亚东雪山，是噶厦直属的一个大宗，管辖范围大致包括今江孜、康马两县。宗政府一般设有两个平级五品宗本，一僧一俗。僧本由白居寺堪布出任，俗宗本由噶厦委任，宗本任期一般为 3 年。宗政府下设有 5 位“列冲”（文书兼会计）辅政、1 位“康本”（官房官），康本下设有 13 个“康尼”（管房子者）、4 个“普延”（管游民者）和 3 个“不嘎”（管度量者）。宗本有相应的薪俸地，“列冲”一年的报酬相当于现在的 3 000~4 000 元人民币，凭字据到当地大贵族家领取相应的青稞、糌粑、干肉和酥油（从该家的差税中扣除）。

江孜宗山建筑群坐落在海拔 4 187 米的宗山上，建筑面积达 12 万平方米，四周的围墙长达 1 199.5 米（图 3–2）。从远处看宗山建筑群与白居寺依靠的后山连在一起，像是一条巨大的青龙，呈现出从西往东腾飞的动人姿态。从宗山脚下往上看，建筑群高耸入云，异常雄伟（图 3–3）。

江孜宗山建筑群依山而建，建筑大部分集中在山腰和山顶部，四面基本上是悬崖峭壁，南北侧大部分是围墙，西侧是主要建筑（图 3–4）。山势西高东低，

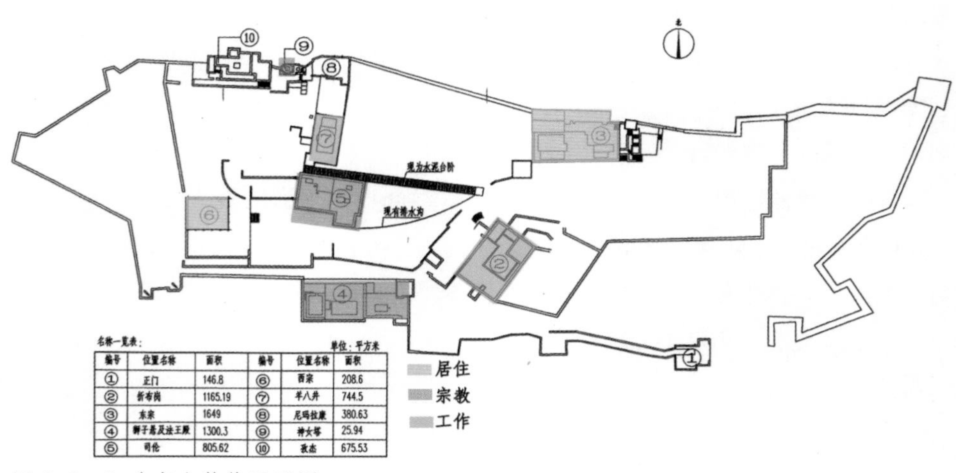

名称一览表：

单位：平方米

编号	位置名称	面积	编号	位置名称	面积
①	正门	146.8	⑥	西宗	208.6
②	析布岗	1165.19	⑦	羊八井	744.5
③	东宗	1649	⑧	尼玛拉康	380.63
④	狮子基及法王殿	1300.3	⑨	神女塔	25.94
⑤	司伦	805.62	⑩	孜杰	675.53

图 3–2 江孜宗山整体平面图

图 3-3　江孜宗山南侧

图 3-4　江孜宗山东侧

图 3-5　上山坡道

图 3-6　入口正门

东有正大门，北面有小门，现改为大门。从东正大门可走路上去，从北面的门可坐车到达集会厅旁（图 3–5、图 3–6）。

1. 居住体系

居住用房是宗山建筑重要的组成部分。宗本及其下属官员、奴隶等都居住在宗山上。江孜宗山上的东宗是江孜俗宗本的居住用房，西宗则是江孜僧宗的住房。

东宗位于宗山建筑群的东北部，现保存基本完好。东宗坐北朝南，共 3 层，建筑面积为 1 649 平方米。东宗房屋宽敞坚固，除起居室、客厅、经堂外，还有许多房间是仓库。宗本住宅的墙壁前，有一个专门用来贴告示的小房间，这是向广大农奴传达政府旨意的地方（图 3–7）。

图 3–7　从宗政府鸟瞰东宗

图 3–8　制作碑文拓片

沿着平台前行，立有一块高大的石碑，即著名的《松筠和宁巡边记事碑》。该碑由 3 块石头组成，上面记录着历代驻藏大臣及要员巡视边境的事迹。1791 年，尼泊尔的廓尔喀人再次入侵西藏，在这关键时刻清乾隆皇帝命福康安率领大军进藏，和西藏各族人民一起驱逐了外国侵略者，巩固了边疆。此后福康安根据皇帝的指示，设定了《钦定善后章程》29 条。乾隆六十年，当时的驻藏大臣松筠和和宁千辛万苦进行巡边，并把巡边的经过及教诲刻记在石碑上，立在当时江孜藏军驻地校武场内，明示祖国神圣领土不可侵犯。此碑现已被立在宗山抗英遗址上，以教育后代继承爱国传统，激发爱国主义的热情。笔者调研时，恰逢藏族同胞前来做碑文拓片，碑文上仍可见比较清晰的文字（图 3–8）。

平台的南面，是当年宗政府办公的衙门大院，门口有专门的下马石。

一层作为整个建筑的基础（图 3–9），沿着山壁砌出。墙体厚重，用土石混合砌筑，一般的墙体厚度在 1.2~1.7 米之间，墙体之间间隔约 2 米。在空间稍大的地方，辅设有粗大的柱子。一层并不设置很多隔断，往往是一个相通的空间，主要做储藏之用。一层没有设置窗户，在墙上只有一行排列整齐的透气孔，透气孔断面呈梯形，内宽外窄，从外面看只能看见狭长的一条细缝，从里面看比较大，像一个窗洞（图 3–10）。内宽外窄的设计有两个作用，一是通过它能给地下室一些光线，并适当地排出地下室的潮气；二是出于安全防守上的考虑，这种设置非常具有隐蔽性，人在里面可以轻易观察建筑外部的情况，并给予入侵者反击，而

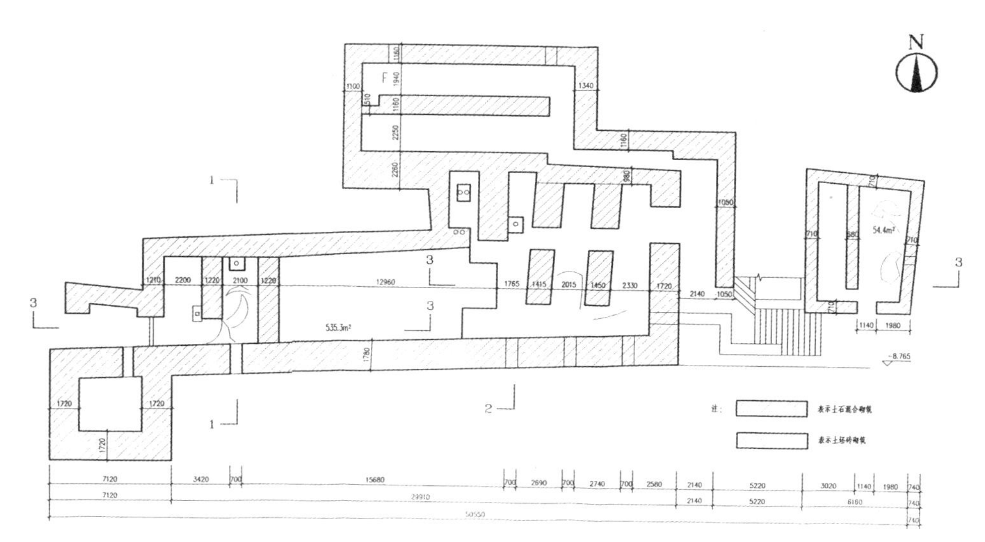

图 3-9 东宗一层平面
资料来源：西藏自治区文物局

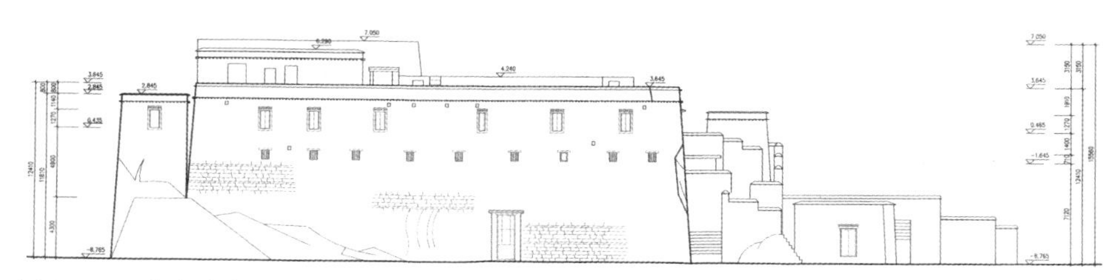

图 3-10 东宗南立面
资料来源：西藏自治区文物局

建筑外部的入侵者只能看见一条条狭长的细缝，无从还击。

院落是西藏居住建筑的一大特点，没有院落的住宅西藏人是不愿居住的。西藏人比较喜欢聚会，节日数不胜数，其中较大的节日有藏历新年、传召大法会、林卡节、雪顿节和望果节等等。在这些节日中藏族人聚集在一起，或是拜佛求神，或是唱歌跳舞，或是骑马射箭，有着各式各样的形式。而平时不过节的时候，藏族人也喜欢聚在一起，喝茶聊天，或是玩游戏消磨时间。这些活动基本上都是在院落里完成的。院落给了人们一块属于自己的室外空间。即便在宗山建筑上，藏族人对院落的喜好也能得到很好的体现。江孜宗东宗的二层由九个房间和两个院落组成。建筑南北向分成两个部分，北半部分是各种房间，南半部分是两个院落。两个院子通过一个走道连接，相通而又独立（图 3-11）。

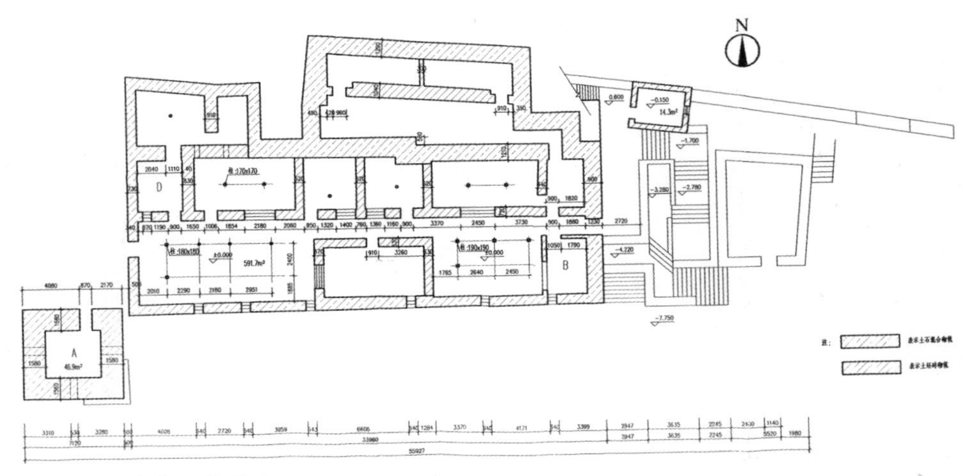

图 3-11　东宗二层平面
资料来源：西藏自治区文物局

2. 宗教体系

西藏是佛教圣地，佛教影响很大。达赖居住的布达拉宫宗教气氛极为浓厚，而地方政府机构宗山上的宗教色彩也非常强烈。江孜宗山上的经堂、法王殿、神女塔以及日喀则宗山上的经堂、佛堂等都属于宗山上的宗教建筑。通过分析，我们可以对宗山宗教建筑的构成、作用以及地位有一个大致的了解。

江孜宗山经堂位于僧宗本东边，是僧宗本平时诵经拜佛的场所，共三层。第一层为地垄层，主要起到结构支撑作用（图 3–12）。从大门进去，直接就进入了第二层（图 3–13）。二层有很多厚重的墙体，墙体厚在 0.9~1.2 米之间。经堂二层被这些墙体分隔成了很多狭长的空间，只能作为储藏之用。二层基本上是墙体承重，在少数稍大的空间中央，有木柱

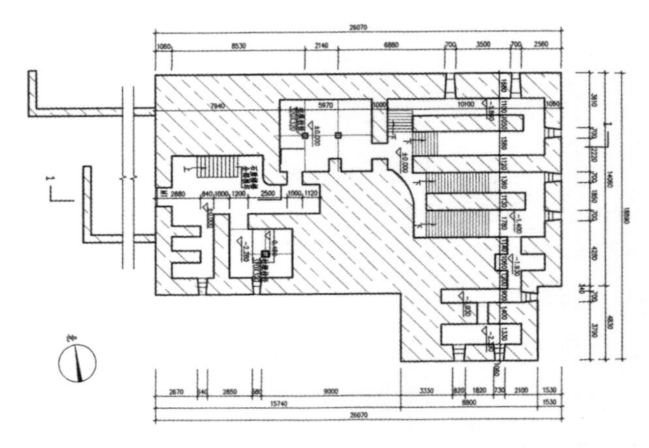

图 3-12　经堂一层平面
资料来源：西藏自治区文物局

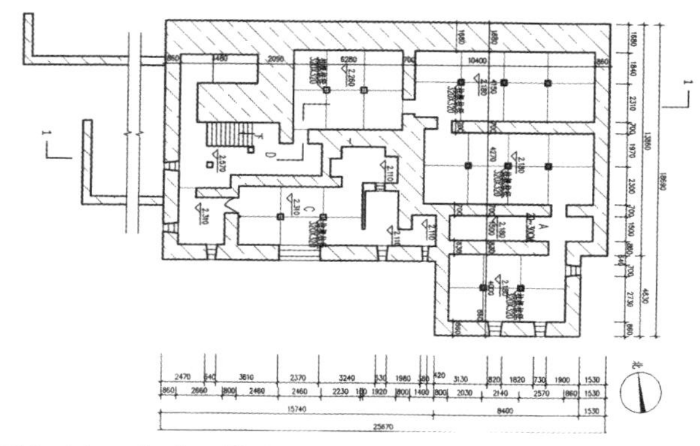

图 3-13　经堂二层平面
资料来源：西藏自治区文物局

支撑，加强了基础的稳定性。二层门口有一个石质楼梯，通往经堂的三层平面，现在已经全部损坏。三层主体部分有五个房间，房间之间通过几个小门呈环行连接，空间关系错落复杂。每个房间中间都有木柱，柱子断面呈正方形，尺寸约为 320 毫米 ×320 毫米。和东宗一样，经堂的窗户断面呈梯形，外窄内宽，也有着防御上的意义。

塔是随佛教从印度传入中国的。在印度，塔是为保存或埋葬佛教创始人释迦牟尼的“舍利”而营造的建筑物。在佛教中，舍利是一种至高无上的神圣物品，佛教信徒们为供奉、保存舍利，创建了具有坟冢之意的塔。后来印度的塔传到了中国，但是中国塔的功能变得比印度塔更复杂了。除了有保存高僧尸骨、舍利的塔外，还有在寺庙、城郊制高点或河流转弯处、海滨港埠之巅建造的具有纪念、军事、导航、城市标志和观赏风景等功能的塔，江孜宗上的神女塔就是为了纪念神女所建造的。

神女塔（图 3-14、图 3-15）位于江孜宗制高点，共三层，层层往上缩进。一、二层平面四面十二角，三层为正方形。神女塔每一层的檐口部位均有边玛墙。边

图 3-14　神女塔外观

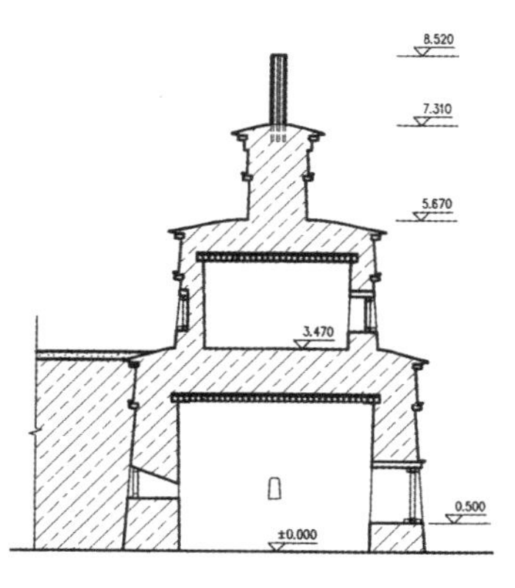

图 3-15　神女塔剖面

玛墙由边玛草砌筑，在西藏只有宫殿、寺庙有关的建筑才能用边玛墙砌筑。江孜宗与宫殿、寺庙没有多少关系，唯一的解释就是在神女塔上加上了佛教寺庙的色彩。

图 3-16　法王殿室内

建于1390年的法王殿，最能体现江孜宗山的宗教氛围。法王殿建造在斜坡上，共三层，地下一层，地上两层（图 3–16）。地下层是地垄层，在建筑外墙和山体之间，只有一个狭长的空间，大部分为山石地基和石质墙体，很好地起

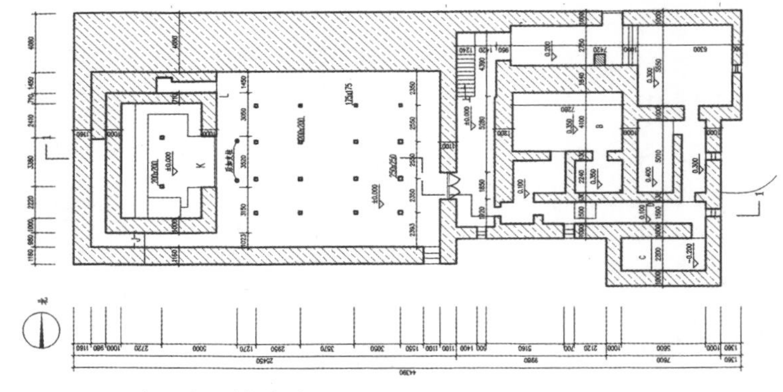

图 3-17　法王殿一层平面
资料来源：西藏自治区文物局

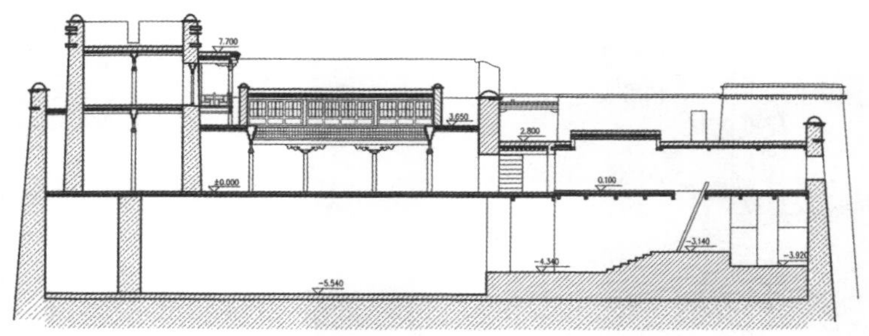

图 3-18　法王殿横剖面
资料来源：西藏自治区文物局

到了基础支撑作用。建筑一层中，西半部分是佛堂，为建筑的主体部分（图 3-17）。佛堂由一个大空间和包容在里面的小殿形成，粗大的木柱支撑着建筑的结构（图 3-18），使得宽敞的大厅里有了采光。

图 3-19 法王殿柱头 1

法王殿的大门和柱子上，都雕满精美的雕刻，虽然已经年久失修，但仍旧可以看出当年是如何的美轮美奂（图 3-19、图 3-20）。大殿堂的正中心供奉的是释迦牟尼塑像，两旁无量光佛像和八大宝塔佛像等都是当时专门为超度朗钦帕巴贝桑布、贡嘎帕而塑造的（图 3-21）。大殿堂的三面墙上的壁画是释迦百行图，构图别致，画风独特，据说都是元代的遗迹，具有很高的研究价值（图 3-22）。壁画上明显的枪眼，则记录着 100 年前英国侵略者的暴行。

图 3-20 法王殿柱头 2

图 3-21 佛殿内佛像

图 3-22　法王殿壁画

东半部分为法王殿的附属用房，多以小空间组成，空间结构较为复杂，人入其中犹如进入迷宫一般。大殿堂顶层有一房间名为孜拉康（顶层殿），也就是坛城殿（图 3-23）。其中金刚杵坛城、时轮金刚坛城、金刚大威德坛城、金刚喜坛城等是西藏壁画艺术中历史较早的坛城画杰作（图 3-24、图 3-25）。

图 3-23　孜拉康外观

图 3-24　孜拉康坛城壁画

图 3-25　孜拉康坛城壁画细部

3. 工作体系

宗政府的主要职能是收受差税和处理纠纷。江孜宗山上的折布岗是当时宗政府官员的议事厅（图3-26~图3-28），宗本和其他宗政府官员就在这里讨论事务。现在议事厅里放置着蜡像，用雕塑生动地再现了僧俗两位宗本率几位“列冲”办公时的情景：两位宗本肃穆地端坐在上，“列冲”们勤勤恳恳陪同在旁，前来办事的人恭敬地站立于前。

图 3-26　折布岗

院落西面是当年农奴们侍候主人的厨房和仓库间，北面的大屋被设置为抗英斗争纪念展厅。展厅内展出抗英组雕壁画和铁炮、火枪、大刀、长矛、盾牌、“乌朵”、藏枪配套器具等抗英勇士使用过的武器，以及英帝国主义在侵略战争中留下的子弹、炮弹等实物，展示着当时江孜辖区内发生的江孜保卫战、曲米新古大

图 3-27　议事厅门廊

图 3-28　议事厅室内

屠杀、乃宁寺大血战等战斗的经过。

折布岗共两层，一层为地垄平面。地垄层平面里很整齐地排列着长短不一的墙垛，给建筑打下坚固的基础。二层平面主体部分由一个院落组成，四周的房间都围绕院落布置（图 3-29）。每一个房间的具体功能已经无据可查。折布岗的主体建筑贴着山体而建，在山体里面，挖掘有一组地下空间，这些空间面积不大，相互连通。宗政府把这里作为监狱，犯人就被关在这样的地牢里，接受不见天日的惩戒（图 3-30）。

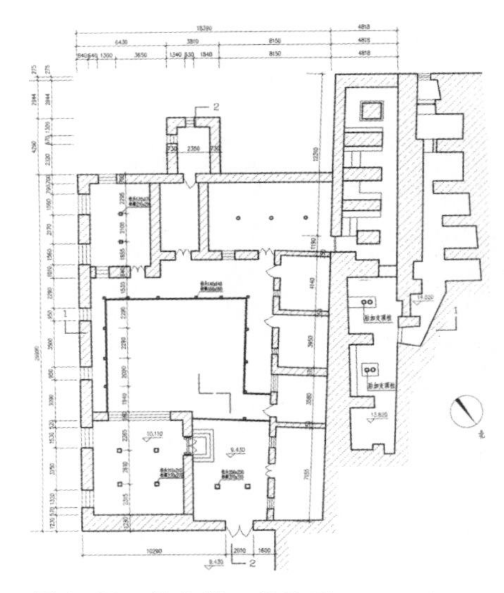

图 3-29　折布岗二层平面

囚犯一旦被抛入其中，没有外人的帮助是不可能逃脱出来的。关在终日不见阳光的地牢里，即使不被冻死饿死，也要饱受无数蝎子毒虫的折磨。当看到地牢里戴着枷锁、头破血流的犯人塑像时，人们会感到惊恐。可想而知，在暗无天日的封建农奴制度下，西藏人民遭受的是何等的苦难。

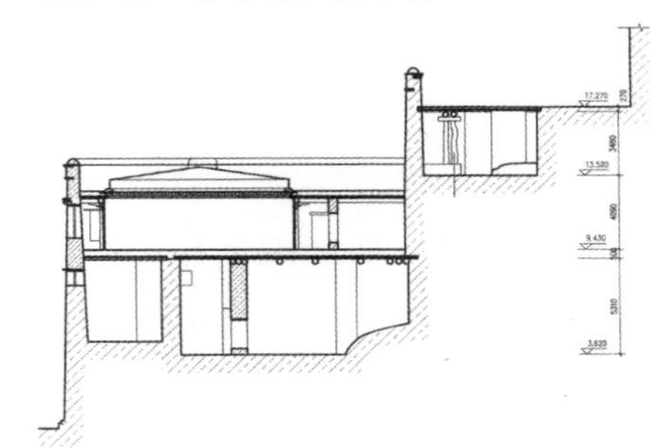

图 3-30　折布岗剖面

宗政府最重要的职能在于收税。宗政府的差税由多且庞杂的实物和劳役地租构成，实物税是根据政府差民、贵族庄园以及寺庙庄园的“孝丹”地、“曲丹”地、“暴细”地的面积来征收的，有时也折算为青稞或藏银。宗政府规定一都岗为 40 克土地，要征收“亚顿”（夏秋粮差）10 克青稞，“永欧”（连肉之粮）1 克；“永洗”（肉差）羊肉 3 只（可折粮 6 克），酥油茶 14 克（可折粮 8 克）；“过差”（牛皮差）6 两 5 钱藏银，“那姆差”（毛料）4 两 5 钱藏银；“薪”（柴草）16 藏斤 2 两，豌豆 2 克；此外，还要出绳子、做香料的口袋、印经费、纸料、羊毛、干草等等物资。据当过宗政府“列冲”的达娃回忆，大致一都岗地折合征收 30 加克（12 公斤为 1 加克）粮食，在江孜宗范围内苛捐杂税就有 95 种之多。

档案资料反映了旧西藏生产力极端落后、分工和经济不发达的社会发展状况，更真实地记载了封建领主对农奴沉重而苛刻的剥削，而这还只是农奴向政府缴纳的实物地租，即都岗差中的“拉敦”——用手来奉献的部分，还没有涉及贵族和寺庙领主以及政府庄园代理人更为严重的中间盘剥。除实物地租之外，还有多如牛毛的劳役地租，农奴称之为“冈卓”，意即脚差，概括起来有：无偿提供人力畜力，运送持有官府执照的所有人员及其物资；接待往来官吏、公出人员及分散外出的军人，并无偿供给食物住宿；为官府的一切修建工程服长期徭役；为当地官员支应做饭、背水、喂马等杂差以及递送公文等。除岗差之外，还有玛岗差，凡领种玛岗地的都要出一定数量的兵额及给养。

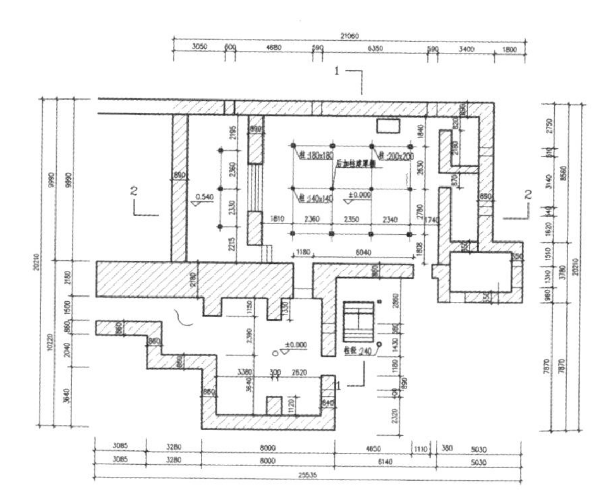

图 3-31　羊八井二层平面

图 3-32　羊八井收受差税场景

羊八井是江孜宗收受差税的办公地点，即差税厅。羊八井一层为地垄层，用于堆放粮草，作储藏用。二层为一大厅，官员们在此收税，现大厅里有蜡像模拟当时的场景（图 3-31、图 3-32）。差税厅外墙上仅开有两个小窗，为了更好地采集阳光，大厅上空中央部分升起，并开有高侧窗；12 个木柱支撑结构，使得大厅空间宽大，便于收受税粱等工作的开展。

4. 防御体系

宗山建筑上无处不体现着宗山建筑防御的意义。从宗山建筑的布局看，其居高临下，据险而守。整个宗山易守难攻，大有一夫当关、万夫莫开的气势。在功能设置上，江孜宗山建筑群的最西边，也就是面对进入江孜城的入口方向，设置有两座炮台（图 3–33），炮台高 5~8 米，宽 4 米，炮台前筑有壕沟及其他防御工事。1904 年抗击英国侵略军时，此炮台上摆放着两尊清代铁炮。江孜军民就是在这里和侵略者进行着力量悬殊却满怀悲壮的搏斗的，当时人们称这两尊铁炮为“黄色兄弟俩”。其中一尊现摆放在抗英展厅内，炮台上现在放着两尊复制的清式火炮。江孜宗山良好的防御系统，使得英国用当时世界上最先进的武器，连续进攻了 3 个月，在耗尽了守城将士的弹药后才被攻陷（图 3–34、图 3–35）。

图 3–33　江孜宗山炮台

孜杰建于 967 年，是江孜宗山上最古老的建筑，也是位置最高的建筑。江孜的意思是“王城之顶”，当时的“王城之顶”指的就是孜杰这个江孜宗山最高的建筑。从建筑形式上来看，孜杰以前最大的功能就是防卫。从山下看去，我们可以看出孜杰的顶端是一个瞭望所，类似城堡中的碉楼。在那里

图 3–34　抗英烈士跳崖处

图 3–35　江孜宗山抗英纪念馆

图 3-36　悬崖上的江孜宗

可以轻易观察到宗山四周的情况,以便随时应对恶意的入侵(图3-36)。在日喀则桑珠孜宗山的四角，设置有圆形的碉楼，也是作为防御建筑的一个形式出现的。再从细部来看，建筑均建造在山坡陡壁之上，加上高大厚重的墙体，敌人根本无法入内；从建筑的立面来看，底层窗户均为小窗，并且设置得很高，外面无法观察到建筑内部的情形；从建筑内部来看，建筑空间复杂，并且绝大多数均为窄小空间，即便敌人进入建筑内部，也很难摸清方向，熟悉内部情况的人能够轻易将敌人制服。这些特点体现了宗山建筑构思的巧妙和细部设计的周到。

19 世纪末 20 世纪初，为了维护祖国统一，西藏各族人民进行了英勇斗争。1904 年第二次抗英战争中所发生的江孜保卫战，就是英勇的西藏军民为保卫祖国领土而进行的神圣战斗，从此人们称江孜为英雄城。为了纪念江孜保卫战，1961 年国务院确定江孜宗山城堡为国家重点文物保护单位。1994 年江孜又被列为全国爱国主义教育基地。近年来政府投入资金对宗山遗址进行保护和维修，采用传统技术、材料和工艺，使得这一西藏地区具有历史意义和光荣传统的宗山遗址得到很好的保护。笔者在江孜调研时恰逢文物保护工程施工，记录了维修时的现场情况（图 3-37~ 图 3-41）。

图 3-37　维修工程施工公告

图 3-38　工人在地垅中粉刷

图 3-39　地垅立柱

图 3-40　木工在加工柱头长弓（替木）

图 3-41　加工后的柱头长弓（替木）

第四章　江孜传统宗教建筑

第一节　江孜白居寺的形成与发展

第二节　白居寺的平面分布及各建筑特点

第三节　白居寺的宗教仪式

第一节　江孜白居寺的形成与发展

帕竹政权从1354年到1618年存在了264年，江孜白居寺建筑是在帕竹政权时期先后建造的。白居寺全称“曲扎钦波班廓德钦”，意为“吉祥轮胜乐大寺”；藏语一般简称做“班廓曲德”，意为“吉祥轮寺”。汉语中把“班廓”称为“白居”，如同把拉萨八廓街叫成“八角街”一样，很可能是受四川方言的影响所致[1]。

1. 建寺时间

笔者查阅书籍，注意到有关白居寺具体建寺时间，各说不一。但较为肯定的说法是：“阴土蛇年（己巳，明洪武二十二年，1389），饶丹衮桑帕（有译为热丹贡桑帕）生。阳木马年（甲午，永乐十二年，1414）二十六岁时，于江孜宗山前年楚河上建六孔大桥。阳土狗年（戊戌，永乐十六年，1418）三十岁时，去萨迦，接受明廷封赠。同年六月，为班廓德庆（白居寺）经堂奠基，开始兴建。”（宿白引述《娘地（江孜）佛教源流》）

15世纪达仓宗巴·班觉桑布所撰《汉藏史集》[2]亦有相同记载：“此班廓德庆寺（白居寺）修建的时间是，于释迦牟尼圆寂后的三千五百五十三年的阳土狗年（戊戌，永乐十六年，1418）六月二日奠基动工。”

熊文彬博士[3]根据明嘉靖十八年（1539）博多哇·晋美扎巴写就的《江孜法王传》整理云：“白居寺一层大殿和回廊建筑最早，建于1418年，但于1420年进行过扩建。即在向东西两侧增建法王殿（即左佛堂）和金刚界殿（即右佛堂）的过程中有所增补，殿内主尊释迦牟尼塑像就是1421年3月8日决定扩建东西配殿（即左、右佛堂）时，在雕塑家本莫且加布主持下立塑完成的。因此，殿内壁画和造像的年代不晚于1420年。东配殿法王殿完成于1422年，西配殿金刚界

1 徐平，路芳．中国历史文化名城江孜[M]．北京：中国藏学出版社，2004：306．

2《汉藏史集》：是藏族历史上一份十分珍贵的资料，在国内属于罕见的珍奇史料之一。该书的作者为达仓宗巴·班觉桑布，其事迹迄今未见史书记载。据该书上册五十七页记载，该书写于木虎年（甲寅），一百九十二页记载，“从阳土猴年（戊申，1368）汉地大明皇帝取得帝位至今年之木虎年（甲寅），过了六十七年”，说明此书写于藏历第七饶迥之木虎年，即1434年。该书后记中又说，该书写完之时，江孜法王饶丹衮桑帕还在人世。

3 熊文彬博士，藏族，娴于藏文，对明嘉靖十八年（1539）博多哇·晋美扎巴写就的《江孜法王传》中有关白居寺、塔的各种记录，做了翻译分析，并写成研讨白居寺图像学的专门之著《白居寺藏传佛教艺术图像学研究》（打印本，1994）。

殿完成于永乐二十一年（1423），这两个时间界定了两个佛殿壁画和造像的创造年代。至于二楼西侧的道果殿的开光年代，尽管在《江孜法王传》中没有明确记载，但可以通过永乐二十二年（1424）落成的二楼东侧罗汉殿和洪熙元年（1425）竣工的三层无量宫殿开光的时间推断出来。它不是与1424年的罗汉殿同时落成，就是与1425年的无量宫殿同时竣工，或介于二者之间即1424—1425年完成。因此，殿内壁画和造像时间最晚不应晚于1425年。《江孜法王传》中关于吉祥多门塔宣德二年（1427）奠基，到正统元年（1436）五月十一日开光的记载，给出一个大致的年代，也就是说吉祥多门塔壁画，在1427年至1436年十年之间相继创作而成。"

由上可以确定，白居寺最初建寺时间为1418年，最早的建筑是措钦大殿，吉祥多门塔及扎仓等院内其他建筑建造时间在大殿之后。

2. 建寺选址

藏传佛教选址思想是在汉文化和青藏畜牧文化的双重影响下形成的，随着中原"风水"思想传入和藏传佛教的影响，西藏寺院建筑的选址保留原先向阳的特点，还采用了"依、拥、扶、照、通"的选址观念，因而得以把中原"环境养生"等原则在雪域更多地内化为乘山、得光、避风、走水的重大选址原则。白居寺建筑与自然环境的关系体现了这一系列的选址思想。

据《汉藏史集》记载："选择寺址，决定在此摩羯陀金刚座之北面，圣者观世音菩萨教化之区，大乘法会举行之圣地，雪山环绕之地，佛法如太阳显明之地，被称为雪域的地方之中，距金刚座一百零三由旬（计量单位）的地点建寺。此地曾经受到许多贤哲加持，众生富于智慧学识，成为显密教法之源泉，年楚河上游地区教法之源头，特别是共敬王的清净后裔领主贝考赞曾在此处建立过称为江喀孜的宫殿，在此附近的大寺院，白天举行讲经说法的法会，犹如阳光催开智慧的莲花，晚上念诵经典之声，犹如流水使如意之宝时常洁净。在这里，能够讲论经典的有一千人，能够理解密宗四续、按照二次第努力修习的有五百名，断除尘缘、修习禅定的有一百名。此僧众会集之处，犹如五台山山坡之上盛开的莲花。"[1]

《汉藏史集》从佛教的角度，阐述了选址，并包含了我们可以具体掌握的选址原则。比如："乘山"思想体现为白居寺位于江孜旧街西北端，坐北向南，后

1 达仓宗巴·班觉桑布．汉藏史集[M]．成都：四川民族出版社，1985：214．

边三面被小山环抱，山岳形似盛开的莲花；它坐落在山凹处，背后地势险要，南面开敞向着平原，以减少阴冷刺骨的北风侵袭，并充分享受阳光，此乃“得光”“避风”；“走水”即寺庙临近年楚河上游，靠近“教法之源头”，与雄峙其左前方的宗山形成犄角之势。

3. 建寺人物

关于白居寺的创建人有三种说法：一是认为由江孜法王饶丹衮桑帕所建；二是认为由布顿大师所建；三是认为由江孜法王饶丹衮桑帕与一世班禅克珠杰共同建造。

笔者认为，第一种说法忽略了一个事实，寺庙许多方面必须按严格的宗教仪轨来建造，光靠江孜法王而没有一名德高望重的喇嘛主持，是无法胜任的。第二种说法仅仅是口传，布顿派确实存在于白居寺中，但布顿大师1364年去世，那时白居寺尚未兴建，也有一种可能那时此地已建有小的佛寺建筑，后江孜法王在原址上扩建。第三种说法笔者在查阅多种资料后，觉得比较有根据。

班钦·索南查巴于明嘉靖十七年（1538）所撰《新红史》记载：“（江卡孜哇）贡嘎帕其子饶丹衮桑帕，凯楚仁波切（即克珠杰）被尊为供养师长，并建班廓德庆寺（即白居寺）。据说还完成了建造大佛像、塔及缎制大佛像等三十六种不同的圆满善业。至于书写《甘珠尔》经，从那时以迄今日仍缮不竭。此（衮桑帕）代本所行之善业成绩卓著。”[1]可见寺的创建者除江孜夏喀哇家的饶丹衮桑帕外，还有被后世尊为一世班禅的克珠杰。

五世达赖阿旺洛桑嘉措《西藏王臣记》亦记此事：“达钦·饶丹衮桑帕……与克珠仁波伽有上师与施主的因缘，以此他修建了班廓德庆寺并安置僧众。他还兴立了修密僧众专研多种曼陀罗以及习经僧众在夏季法会中广习诸经、勘行辩论的常规，又修造吉祥多门大塔及缎制大佛像，并经常不断地书写《甘珠尔》佛经。在卫藏的大长官中，他所作的善业算得最大的。”

一个半世纪以前，宁玛派僧钦则旺布巡礼卫藏佛寺，撰《卫藏圣迹志》记此寺情况：“此寺是江孜法王饶丹衮桑帕所建。寺内有萨迦、布鲁、格鲁三大宗派的学僧，共分十六个僧学院。佛像经塔是无量无边的，在大殿内神像中最主要者是释迦佛的大像。大宝塔内装藏有百种修法的密宗本尊像，还有极为庄严的殿堂

1 班钦·索南查巴．新红史［M］．黄颢，译．拉萨：西藏人民出版社，1984：60.

等。这寺内四本续的本尊修法会供很多。”

晋美扎巴撰写《江孜法王传》，详细记录了克珠杰与白居寺的关系。熊文彬据《法王传》得出结论：“白居寺大殿是由江孜法王（饶丹衮桑帕）和一世班禅喇嘛克珠杰共同主持修建的……永乐十一年（1413）饶丹衮桑帕为了宏传江孜地区的佛教文化事业，决定邀请这位大师到江孜主持佛教事务，封克珠杰为江孜佛教总管，参与并策划江孜宏佛事宜。1413 年克珠杰应邀前往江孜，会同江孜法王策划柳园白居寺的修建……据《江孜法王传》记载克珠杰由于与江孜法王在一些问题上发生了较大分歧……在吉祥多门塔开工的 1427 年离开了白居寺。”我认为熊文斌博士的说法是符合实际情况的。

第二节　白居寺的平面分布及各建筑特点

白居寺在西藏佛教史上有其特殊的地位和影响。白居寺初建属于萨迦教派，后来布顿派、噶当派和格鲁派等势力相继进入，各派之间一度互相排斥，分庭抗礼，到最后互谅互让，兼容并蓄，各教派同处一寺，寺内供奉佛像及建筑风格也博采众长。

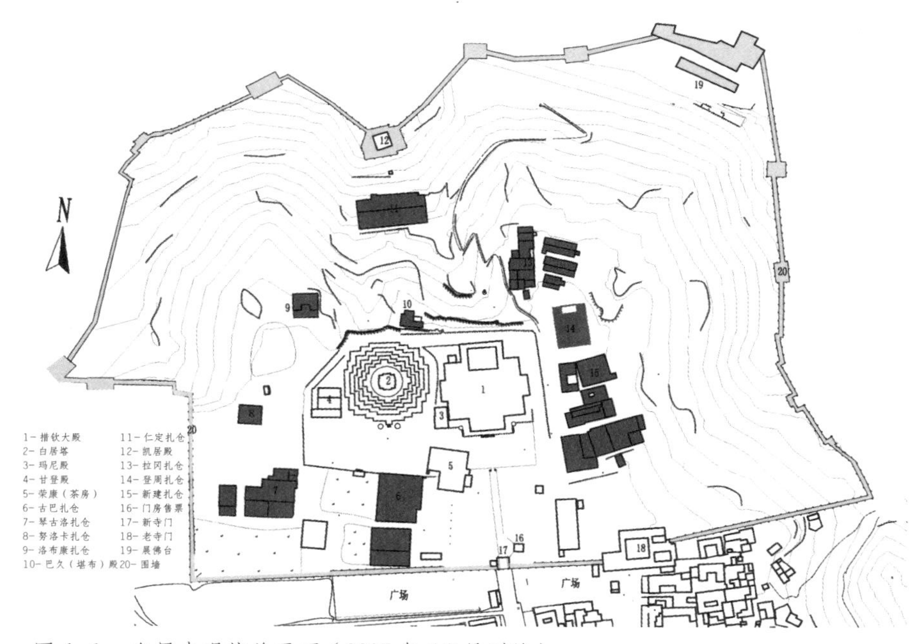

图 4-1　白居寺现状总平面（2007 年 10 月测绘）

图 4-2 白居寺鸟瞰（2007）

白居寺包括措钦大殿（三层大殿）、吉祥多门塔（白居塔）、扎仓和拉康（僧舍）。建筑依山势布置，错落有致，寺中藏塔，塔中有寺，形成了一座规模宏大、造型优美的综合建筑群（图 4–1、图 4–2）。这种塔寺结合的建筑布局代表了 13 世纪末至 15 世纪中叶后藏地区寺院建筑的典型样式，而且也是唯一一座寺塔都完整保存至今、集宗教和艺术于一身的里程碑式的大型建筑群。从总平面上看，主要建筑佛塔、大殿建于山脚的平地，而扎仓与僧舍沿山麓而建。曾建有 16 座扎仓，其中格鲁派拥有 8 座扎仓，萨迦派拥有 4 座扎仓，噶当派拥有 4 座扎仓。1959 年民主改革以前僧人有 1 500 多名，由格鲁派僧人主持寺院管理。按照传统，白居寺的寺院总堪布，是由色拉寺藏巴康参派遣担任。

在寺院调查时，寺院僧人向我们提供了 20 世纪 30 年代拍摄的寺庙全景照片（图 4–3~ 图 4–5）。照片是从宗山上拍摄的，我们也在宗山上从同一角度进行拍摄，对两张相同地点但不同时期拍摄的照片做了对比。从寺庙外围的围墙可以看出，寺庙的范围没有变化，而寺庙内的建筑少了许多，山坡上的扎仓很多已不存在，仅存 7 座，新建几处僧舍多在山脚。措钦大殿北侧建于山上的堪布[1]殿现只有一层

图 4-3 摄于 1930 年的寺庙全景照片

1 堪布：指寺院或经学院的主持人。

图 4-4　现状照片（2007 年 5 月在宗山上拍摄）

图 4-5　白居寺僧人手绘寺庙全景

的规模。山顶西面的围墙已有损坏。值得庆幸的是吉祥多门塔和三层的措钦大殿保存完好。现在的白居寺继续保持着传统的风格，但在规模上比以前大为缩小。1996 年白居寺被公布为全国重点文物保护单位。

1. 措钦大殿

三层的措钦大殿是白居寺最早的建筑。措钦大殿是寺庙里规模最大、等级最高的建筑，佛殿内供奉寺庙的主供佛，大经堂则供全寺僧众集会、诵经、举行重大法事活动之用（图 4-6~ 图 4-13）。

（1）大殿一层

措钦大殿的一层平面是复式十字折角形，即《汉藏史集》中记载的“外面突出的有十二道大棱”[1]。大棱，即折角（阳角），类似于坛城平面。措钦大殿主要

1 达仓宗巴 · 班觉桑布 . 汉藏史集 [M]. 成都：四川民族出版社，1985：214-215.

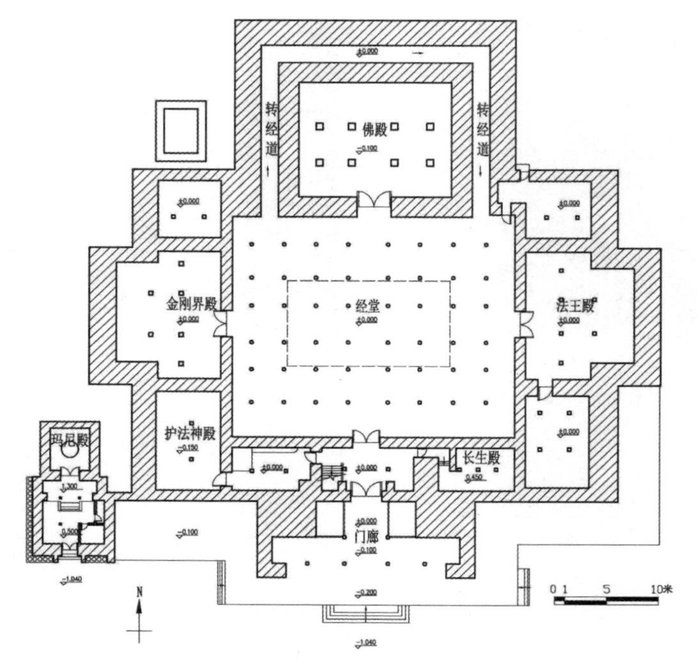

图 4-6 白居寺措钦大殿及玛尼殿一层平面（2007 年 10 月测绘）

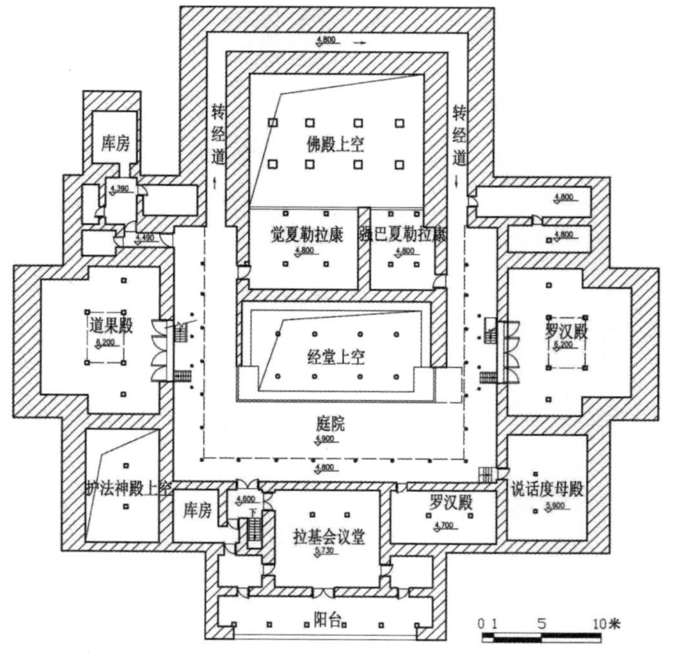

图 4-7 白居寺措钦大殿二层平面

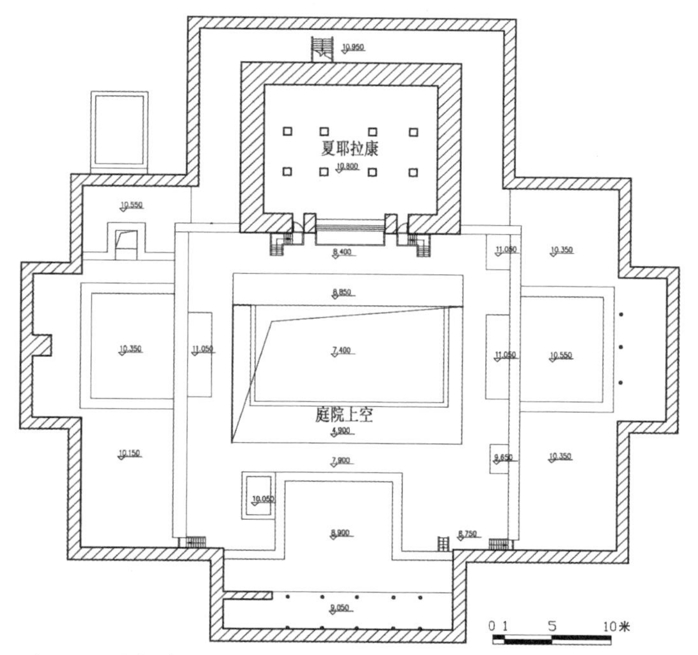

图 4-8　白居寺措钦大殿三层平面

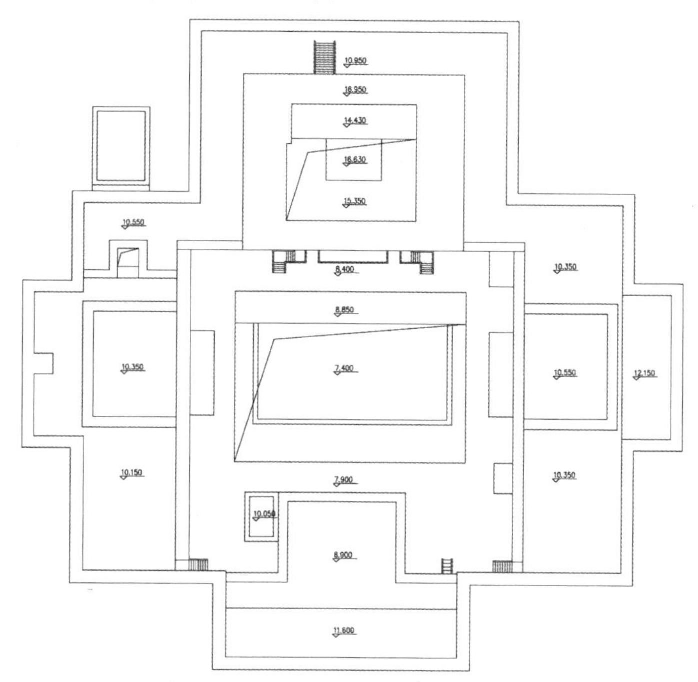

图 4-9　白居寺措钦大殿屋顶平面

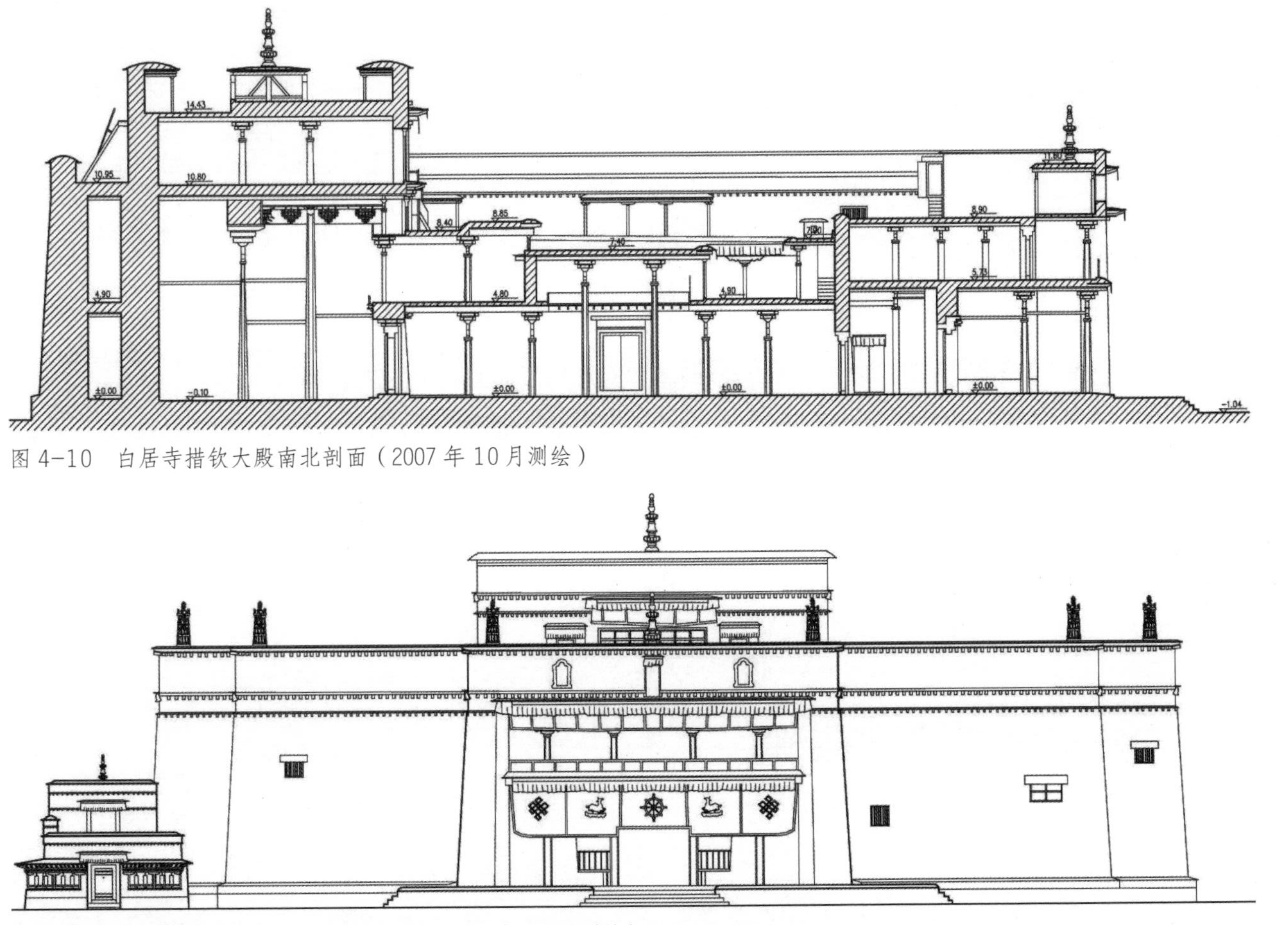

图 4-10 白居寺措钦大殿南北剖面（2007 年 10 月测绘）

图 4-11 白居寺措钦大殿、玛尼殿立面（2007 年 10 月测绘）

图 4-12 措钦大殿立面

图 4-13 措钦大殿门廊

由集会大殿、回廊、东配殿法王殿、西配殿金刚界殿组成。

· 门廊

入口门廊 2 排柱，第一排 4 柱，第二排 2 柱，面宽 15.4 米。门廊左右两侧塑四大天王像[1]（图 4-14），一边各两尊，由本莫且加布塑造，现为新塑，但也是根据原作塑造的，正中为走道。进入第一道大门，左手为楼梯，上二楼，护法神殿在主殿外部西侧。

· 护法神殿[2]

图 4-14 入口门廊的四大天王像

1 四大天王：常在寺院店门左右绘塑的重要画像，即持国天王、整长天王、广目天王和多闻天王。四大天王住须弥山腰，是镇守四方的神将，有催邪扶正、护法安僧的作用。

2 护法神殿是指由释迦牟尼佛或其他高僧大德所收服的，立誓顺从佛法、护卫佛法的神灵所在的佛殿，它不仅要护法，还要护卫修行佛法的人民，以其免受内外灾害。

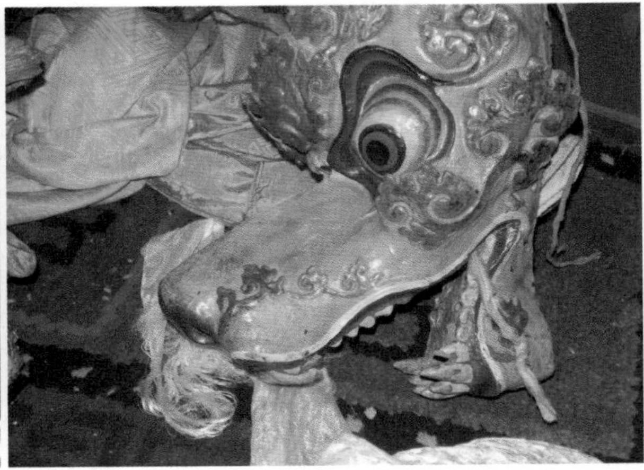

图 4-15　护法神殿面具

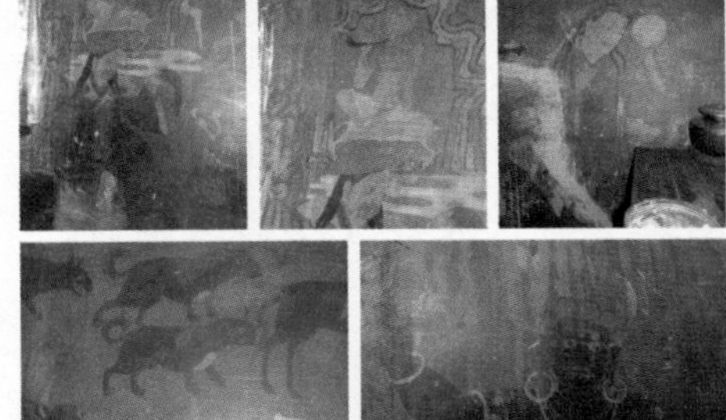

图 4-16　护法神殿壁画

图 4-17　护法神殿武器

在入口前室左侧，有内、外两间，殿内有 2 柱，层高 6 米多。内门仅高 1.4 米，人们需弯腰进入，这可能与护法神殿独特的密宗仪轨有关，信徒需要卑躬屈膝地表达对佛的忠贞不贰。殿内主尊是萨迦派的六臂护法神。室内墙壁绘满壁画，时代较早，内容恐怖、狰狞，与藏传佛教密宗的仪轨有关（图 4–15~ 图 4–17），其中青面獠牙的阎罗王（图 4–18）显得比较传神。

图 4-18　青面獠牙的阎罗王

护法神殿对面是长寿殿，沿三面墙布置佛龛，壁画颜色鲜艳，似为新绘。

·集会大殿

白居寺一层大殿和回廊建筑始建于1418年，在1420年又进行了扩建。集会大殿是供僧侣诵经与举行佛事活动的殿堂，中间是经堂（图4–19~图4–24），阿嘎土地面，面阔9间、深7间，48柱，即《汉藏史集》记录的“围廊有48根柱子的面积”，约600多平方米。中间升起天棚的高度为7米，开高窗，整个经堂的光线都靠二层的气窗获得。

集会大殿四壁皆绘有壁画，题材为释迦牟尼、燃灯佛、弥勒佛、释迦牟尼八大

图4–19　集会大殿进深第4跨，2层柱高

图4–20　集会大殿室内

图4–21　集会大殿内坛城图

图4–22　集会大殿内转经道

图 4-23　集会大殿鼓及鼓架　　图 4-24　集会大殿壁画

弟子等。佛像一般作跏趺坐或半佛坐，八大弟子多为立像，皆身披袈裟，风格庄重，与江孜宗山上折拉康大殿内的壁画风格较为一致。现保存的壁画色彩已比较暗淡，剥落的也很多，应是早期的作品。

·佛殿（主佛殿）

集会大殿后部是佛殿，与集会大殿同期建造，即建于 1418—1420 年间。佛殿平面为矩形，面阔 5 间，进深 3 间、8 柱，有高窗采光，佛殿面积 160 多平方米，墙厚 1.8 米。柱有明显收分，柱头为莲瓣样式。如《汉藏史集》所述“佛堂有八根穿眼的形式特别的大柱子，有三解脱门”。佛殿至平棊天花大约高 9.8 米，南侧 4.9 米高位置接二层觉夏勒佛殿，8.3 米处有一室内挑台。佛殿上为第三层的夏耶拉康。从室内的装饰、天花和斗栱形制（图 4-25~ 图 4-29）来看，受到了汉地寺庙的影响，这一点与夏鲁寺相似。反映了元末明初西藏与内地的文化交流。这种室内装饰形式与风格在后来的

图 4-25　佛殿室内

图 4-26　佛殿顶的平綦及斗栱

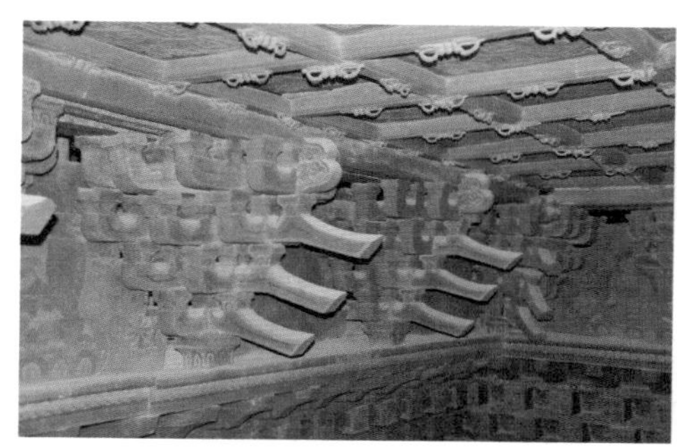

图 4-27　佛殿天花下斗拱

图 4-28　佛殿柱头替木

图 4-29　佛殿大门雕刻

西藏寺院建筑中已很难见到。

大门左、右两侧墙上分别绘有白伞盖佛母和观音菩萨的壁画。殿内主尊为近 8 米高的释迦牟尼铜佛坐像，是白居寺的主供佛，史料记载建造时用去 2.8 万斤黄铜。其左、右两侧分别为观音菩萨和文殊菩萨像。周围墙上供有 16 尊菩萨立像，即八大随佛子像和八大随佛女像（图 4-30~ 图 4-34）。殿内雕梁画栋，十分引人注目，其中一个梁柱上绘有两只体态各异的孔雀（图 4-35）（笔者在萨迦寺时，发现相轮两旁的也是孔雀而非后来格鲁派寺院的神鹿，这说明了白居寺的兴建与萨迦有很深的渊源）。

图 4-30　释迦牟尼铜像

图 4-31　佛座蹲狮

图 4-32　佛座雕刻

图 4-33　随佛女像

图 4-34　佛像前酥油花

图 4-35　释迦牟尼像及横梁上的孔雀

图 4-36　法王殿入口

图 4-37　法王殿灵塔

图 4-38　法王殿法王松赞干布、赤松德赞像

有关释迦牟尼佛像，《汉藏史集》记录较详细："佛堂中央有与摩揭陀金刚座的大佛像尺寸相等的大菩提佛像，用诸宝制成，它是阳铁鼠年（庚子，1420）六月八日由化身的工匠本莫且加布建造的。……于阴铁牛年（辛丑，1421）三月八日吉时建成。"[1]

图 4-39　法王殿强巴佛像

图 4-40　法王殿观音像

·法王殿（东佛殿）

第一层东面佛殿，完成于 1422 年。6 柱，平面呈"凸"形，约 115 平方米，门上开设高窗采光。堂正中供奉强巴佛，后壁正中塑十一面观音。从左到右供有如下佛像：阿底峡[2]、噶玛拉希、莲花生[3]、寂护、三怙主像、克什米尔班智达释迦释利以及松赞干布、赤松德赞和赤热巴巾吐蕃三大藏王像（图 4-36~ 图 4-40）。

佛殿南面的一间矩形小屋，4 柱。里面供奉一座大的佛塔，周围有存放大藏

1 达仓宗巴·班觉桑布．汉藏史集[M]．成都：四川民族出版社，1985：214．

2 阿底峡（982—1054）：克什米尔人，于 1042 年从尼泊尔至阿里，后来到卫藏等地译经授徒。其弟子仲敦巴弘扬其学说，创立了西藏佛教中的噶当派。

3 莲花生：印度高僧，于 761 年前后，应藏王赤松德赞邀请来藏传授佛教，弘扬密法。相传他入藏后，以密宗法术收服了当地苯教神祠，并参与了桑耶寺的建设。

经《甘珠尔》经文的藏书架（图 4–41）。四壁皆有壁画，壁画多为红底黑线，绘制水平一般，其中北壁的十一面观音像比较精美。壁画的色泽较新，估计为后期所绘（图 4–42）。

图 4-41 整墙的《甘珠尔》经书

· 金刚界殿（西佛殿）

经堂的西面佛堂，为金刚界殿，完成于 1423 年，与东佛堂对称布置，共 6 柱。殿内供有数尊制作精美的彩釉陶塑像。这些塑像神态各异、工艺精湛，堪称一流佳品（图 4–43）。神台右侧珍藏有一部上下用木质夹板保护着的大部头经书，

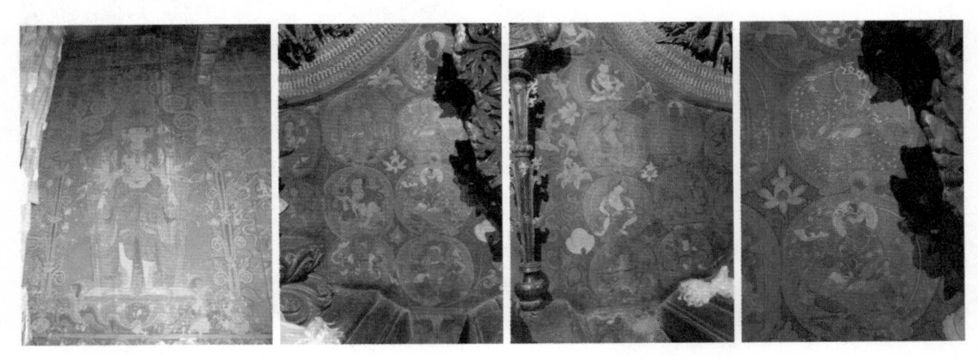
图 4-42 大殿法王殿壁画

图 4-43 金刚界殿彩釉陶塑像

图 4-44 金刚界殿经书

这是一部用金汁缮写在黑纸上的名为《八千颂》的佛经（图 4-44）。

（2）大殿二层

二层中间是一层集会大殿高出屋面部分的共享空间以及三面回廊围合的中央庭院（图 4-45~图 4-49），透过天井南面的窗户，可以清楚地看到下面集会大殿内僧侣集会诵经的情景。二层的转经道位置和一层相同。二层东、西佛殿的位置上设三层的木质阶梯。二层的佛殿于 1424—1425 年间竣工。从围廊壁画看，属于早期作品，题材是佛经故事和佛本生的传说。壁画的风格与白居塔壁画明显不同，具有浓郁的汉地艺术色彩，构图疏朗，画面生活气息浓重。壁画中的楼阁、花卉、树木、山岩、流水、人物衣着，皆如汉地绘画风格，每一片

图 4-45 大殿二层回廊

图 4-46 大殿二层回廊柱头

图 4-47 大殿二层楼梯

图 4-48　大殿二层门扇

图 4-49　大殿二层屋面

段画面都有藏文说明[1]，可以看到敦煌壁画的影响（图 4-50~ 图 4-70）。

图 4-50　盝顶建筑

图 4-51　盝顶建筑

图 4-52　攒尖顶建筑

图 4-53　释迦牟尼说法

1 柴焕波．西藏艺术考古［M］．北京：中国藏学出版社，2002：112.

图 4-54 讲经

图 4-55 供佛

图 4-56 高僧会面

图 4-57 高僧修行

图 4-58 庆典

图 4-59 表演

图 4-60　演奏

图 4-61　绘佛

图 4-62　飞天

图 4-63　出行

图 4-64　巡行

图 4-65　乘船

图 4-66　送别

图 4-67　师徒取经

图 4-68　射鹿

图 4-69　大象

图 4-70　农耕

·罗汉殿（东佛殿）

二层东面罗汉殿，于永乐二十二年（1424）落成。比二层庭院平面高出1.3米，平面和一层法王殿一样，也是“凸”形，6柱。罗汉殿内供奉的十六尊罗汉像工艺精湛，十分精美，各具特点，动态神情、服饰衣着各不相同，为明代艺术珍品。

十六罗汉像，是一组艺术价值较高的西藏古代佛教雕塑艺术作品，约建于明宣德年间。罗汉是梵文阿罗汉音译的略称，是小乘佛教修行的最高果位。据说释迦牟尼曾令十六大阿罗汉管住人世，济度众生，他们是：宾度罗跋罗惰阁、迦诺迦伐磋、迎诺迦跋厘惰、苏频陀、诺距罗、跋陀罗、迦哩迦、罗弗多罗、戍博迦、并托迦、罗喉罗、那迦犀那、因揭陀、伐那婆期、阿氏多、汪荼半托迦。内地常称十八罗汉，因为宋代有人在十六罗汉之后又加了宾头卢与庆友。西藏流行的十六罗汉为西藏各佛教教派所供奉。

白居寺十六罗汉的造型各有特点，不论是动态神情还是服饰衣着，都不雷同。古代的佛教造像艺人们，既着意描绘罗汉的心理活动，又重视刻画人物外形，因而使塑像生动而不媚俗。这组塑像的人物性格都得到了充分的表现，有的忧郁，有的微笑，有的惊讶，有的烦恼，有的口唇微动欲诉，有的手势欲动又止，有的抚膝而坐安详自如，姿态和表情都塑造得简练而精致。古代雕塑工匠对塑像衣饰的质感也很重视，塑像衣纹的来龙去脉、质地的刚柔相济，都恰到好处。它们是古代雕塑艺术的杰作，也是今人借鉴的艺术佳品。

元朝忽必烈封萨迦教派法王八思巴为国师，以萨迦为中心的佛教盛行于西藏。由于佛教同印度、尼泊尔的宗教关系密切，往来的佛教文化活动也是必然的。此时期从印度、尼泊尔以及中原地区，不断有雕塑家和雕塑工匠来藏，为西藏佛教雕塑艺术贡献技艺。譬如1260年尼婆罗（今尼泊尔）雕塑家阿尼哥应聘到西藏铸造金像便是一例。阿尼哥的雕塑品具有犍陀罗雕塑的风格。远在公元前4世纪末马其顿亚历山大入侵古印度犍陀罗国时，希腊文化艺术就影响了这一地区，公元前3世纪摩揭陀国的阿育王遣僧人来此传播佛教，渐渐形成犍陀罗佛教艺术，1—6世纪犍陀罗雕刻作为古代佛教艺术流派盛行于犍陀罗。犍陀罗艺术风格对东方雕刻艺术的发展有很大影响，阿尼哥把犍陀罗艺术风格带到西藏，使西藏雕塑艺术也吸收了古代希腊末期的雕刻手法。

元、明的雕塑工匠都崇尚写实，由于艺人们对现实生活的观察，在塑像时必然把自己的世俗思想感情流露出来。外来艺术的影响同本民族艺术的交融，便产生了独具特色的西藏佛教艺术的一个流派——“江孜派艺术”。江孜派的特点是造型写实，内容情节富有生活气息。白居寺十六罗汉塑像，不论是写实的技巧还是概括洗练的手法，都充分显示出江孜派艺术的特点。它展示了西藏民间雕塑艺人的精湛技艺，也标志着西藏佛教雕塑艺术在向更高的艺术境界发展。

· 说话度母殿

此佛殿紧邻罗汉殿南面，2 柱。佛龛围绕墙壁布置，神台上备受人们崇奉的神像是中央的一座小度母像，传说中曾开口说过两次话而远近闻名（图 4–71、图 4–72）。

图 4–71　说话度母殿入口

图 4–72　说话度母殿神像

· 罗汉堂（南面）

二楼南面还有一座十六罗汉堂，比东面罗汉殿规模小，陈设简单得多。墙上的 16 个洞里分别供奉一尊罗汉坐像，约塑于明宣德年间，用一种非常像木头的特殊的泥塑造成，是一组艺术价值较高的西藏古代佛教雕塑艺术作品。十六罗汉的造型各有特点，形象生动逼真，相貌或慈祥、或威武、或嗔怒，表情塑造得简练而精致，衣纹质感刚柔相济，恰到好处。它们是古代雕塑艺术的杰作，也是今人借鉴的艺术佳品。

· 道果殿（西佛殿）

第二层西佛堂为道果殿，是萨迦派殿堂（图 4–73），于 1424—1425 年完成。在一层金刚界殿上，平面相同，6 柱（图 4–74、图 4–75）。这座佛殿中最引人注目的是克珠杰亲自建造的一座巨大的立体金质胜乐金刚坛城（图 4–76、图 4–77），直径约 3 米，供奉在佛殿中央，它代表属于胜乐金刚密宗传承的 62 座胜乐金刚坛城，这一密宗传承的始祖为印度成道者鲁意巴。与楼下的佛像和东面的十六罗汉一样，每一尊塑像都制作精湛。

图 4–73 道果殿入口

图 4–74 室内

图 4–75 室内梁架替木

图 4–76 立体金制胜乐金刚坛城

图 4–77 立体金制胜乐金刚坛城细部

道果殿四壁皆有壁画。从人物面相及衣饰看，皆为印度风格。但与白居塔壁画又有较大区别，画面色彩艳丽，技巧精美，在西藏其他地方极为少见。东北部壁画为萨迦派始祖像，场面很大，人物也绘得很密集。壁画的中间，描绘了八思巴朝见元朝皇帝忽必烈的情景。

图 4-78　觉夏勒拉康室内

· 觉夏勒拉康、强巴夏勒拉康

第二层后列两个拉康，右者现为小经堂，左者为觉夏勒拉康（图 4-78），4 柱，北侧仅用栏杆相隔，可以看到一层佛殿内所奉弥勒大像头部。殿内的壁画非常精美，大约是十三世达赖喇嘛时期绘制的。

· 拉基会议堂

二层南面为拉基大殿和库房所在。拉基大殿是召开全寺最高会议的地方。库房多藏文物，其中来自内地者，以绀青纸地泥金描绘之救度佛母像最为重要。该像附书《御制救母赞》，赞后记："大明永乐十四年四月十七日施"[1]。

（3）大殿三层

· 夏耶拉康（无量宫）

图 4-79　夏耶拉康

"夏耶拉康"（图 4-79）是三楼唯一的佛殿，位于建筑的后部，意为"神宫之顶"，一般用来称呼寺院里的密宗佛殿，8 柱，1425 年竣工。这座佛殿又称坛城殿，因殿的四壁绘有 51 个小坛城而得名，沿殿内三面墙供奉数座直径为 2.4 米的萨迦派密宗护法神坛城。"四壁满绘坛城，计大型十四幅、中型一幅、小型三十四幅，共四十九幅。""堂内柱上承龟背格平棊，平闇每格绘一莲座，莲瓣上书六字真言。"[2]

坛城的外形为圆形，外面有四层，分别为护法火焰墙、金刚杵墙、八大尸林、莲花墙。和圆形相连接的是方形建筑，一般有六层，用白、蓝、黑、黄、红、绿

1《汉藏史集》记："饶丹衮桑帕……作为具吉祥萨迦派首席大臣、执掌教法的栋梁、地方的大长官……当他登上执掌地方政务的职位后，汉地大明皇帝封他为大司徒，赐给印信、诏书，赠给许多礼品，并准许朝贡（据陈庆英译本 P242）。""饶丹衮桑帕受明封赠，接到（萨迦）大乘法王的信函，去到萨迦。（法王）宣读了任命他为大司徒、朗钦、土官的诏书。"（据《江孜法王的家族与自居寺的兴建》转引）因疑此幅永乐所施的救度佛母像，约是这次明廷所赐礼品之一。

2 宿白．藏传佛教寺院考古［M］．北京：文物出版社，1996：139.

图 4-80　转经道

图 4-81　北转经道度母壁画

六色表现护城河与建筑的装饰结构。再往里又是圆形，在金刚杵墙包围中居住着本尊和他的眷属，其他空处布满花草、法器、吉祥物。夏耶拉康的 51 座坛城壁画，制作精美，形态各异，与白居塔五层的坛城壁画风格一致，相传出自同一个藏族画匠之手。《汉藏史集》描写白居寺开光仪式中提到“无量宫的墙壁上充满了珍奇的壁画”，即指此。

· 转经道

转经道建筑在西藏的寺院中非常重要，是佛教徒进行右旋绕佛仪式的重要场所。14 世纪，夏鲁寺围绕一、二层各层佛殿背面修建了两层结构的封闭式转经道，这是西藏其他寺院建筑中极为少见的建筑形式。白居寺受到影响，建造了围绕其主要佛殿的室内转经道（图 4-80）。转经道的平均宽度为 1.6 米，空间高度为 4.4 米，只有东、西侧墙上开一小高窗采光。“第一、二、三层后佛堂转经道的内外壁面满绘壁画。第一层绘有释迦、五方佛及其千佛、金刚持、度母（图 4-81）等。第二层绘富有内地画风之佛传故事。第三层绘千佛。”[1]

1 达仓宗巴·班觉桑布．汉藏史集[M]．成都：四川民族出版社，1985：214．

（1）外观

（2）鸟瞰

（3）内院　（4）壁画

（5）转经筒

图 4-82 玛尼拉康

传说大殿建成开光那天“五百持金刚经丘在大殿中忙碌，内外百余座坛城及各佛像的开光自然完成。由于大法王对此诸佛子所在的赡部洲一庄严之大菩提佛像十分敬信之法力，有各色花雨不断降下。在大佛殿及其上面的无量宫、走廊、上中下三层转经堂、上面的围廊、东西上下的墙外护墙和房间、护法殿等处满是雕像和塑像，无量宫的墙壁上充满了珍奇的壁画。在各个主要佛像前，供有金灯、银灯、银钵及大曼遮。在各个佛殿里酥油灯常明，供养不断”。可见白居寺当时建筑之宏伟，场面之大。

2. 其他佛殿

（1）玛尼拉康

紧邻措钦大殿入口西面的玛尼拉康[1]（图 4-82）是一个体量很小的佛殿，据寺院僧人介绍建于 400 年前。佛殿里有一巨大的转经筒，四壁满绘千佛的壁画，为后期所绘。

1 拉康：指小寺庙或小神庙。

（1）外观　（2）平面　（3）鸟瞰

（4）门廊　（5）室内　（6）室内构架

（7）宗喀巴大师像　（8）莲花生大师像　（9）壁画

图 4-83　甘登拉康

（2）甘登拉康

甘登拉康（图 4-83）位于白居塔西侧，属于格鲁派的佛殿，佛殿入口南面和西面设有一排转经筒，从大门进入内院，供奉宗喀巴大师[1]坐像。四壁满绘壁画。

1　宗喀巴大师（1357—1419）：为藏传佛教最大的派系格鲁派，亦称“黄教”的创始人和祖师，本名洛桑扎巴，生于青海湟中。藏语称那一带为宗喀，古尊称为宗喀巴。

3. 扎仓

白居寺聚萨迦、格鲁、布顿、噶当派和平共存于一寺。每个教派在此寺内都拥有五六个扎仓。原大殿和吉祥多门塔四周有 16 处扎仓，从 S. 巴彻勒的著作《西藏导游》的照片中，可以看出 20 世纪 30 年代的白居寺山上山下有不少扎仓和僧舍（图 4–84）。现仅存 7 座扎仓，洛布康是格鲁派最早的扎仓，仁定是布顿派最大的扎仓，古巴是萨迦派扎仓中保存较为完整者（图 4–85）。

图 4–84　从展佛台位置拍摄的白居寺扎仓
图片来源：F. 威廉姆森摄于 1935 年前后，载于：S 巴彻勒 . 西藏导游 [M]. 伦敦：伦敦智慧出版社，1987.

图 4–85　在山顶凯居殿遗址位置拍摄的白居寺现有扎仓位置，基本在山脚边

扎仓是藏传佛教各大寺院组织机构中的中间一级，是僧侣们学经和修法的地方。扎仓可以说是寺院中的学院，有自己的经堂、佛像、学法系统，以前还会有自己的土地、属民、民居等。按照不同寺庙的规模大小，扎仓的数量不等；扎仓的负责人称堪布，管理扎仓的政教事务，一般由佛学造诣和资历较高的僧侣担任。

（1）洛布康扎仓

洛布康扎仓（图 4-86）位于吉祥多门塔西北，南向，底层设牛圈。据寺僧介绍：此扎仓为建寺时克珠杰所规划，但现存建筑已经后世重修。门廊后右为库房，左为面阔 5 间、深 4 间、12 柱经堂，经堂后壁画宗喀巴，其右为贾曹杰，左为克珠杰，再左为十八罗汉。经堂后辟三室，右为护法堂，左为库房，正中为佛堂。门廊和佛堂皆有上层建筑，现空置无佛像。

图 4-86　洛布康扎仓

（2）仁定扎仓[1]

仁定扎仓（图 4-87）位于寺最北部，靠近围墙，依山坡兴建，是原来 17 座扎仓中规模较大的一个，为噶当派所属，保存情况良好。门廊南向，柱头、弓木、托木雕刻精致，属于早期的遗留。上层为扎仓主要殿堂，包括贡觉殿、斋康、护法殿、集会堂等，其余部分为僧舍或库房。

经堂面阔 4 间、进深 5 间、12 柱。经堂南壁画宗喀巴、贾曹杰、克珠杰三像，

（1）外观

（2）外观

（3）门廊

1 宿白．藏传佛教寺院考古［M］．北京：文物出版社，1996：144-146.

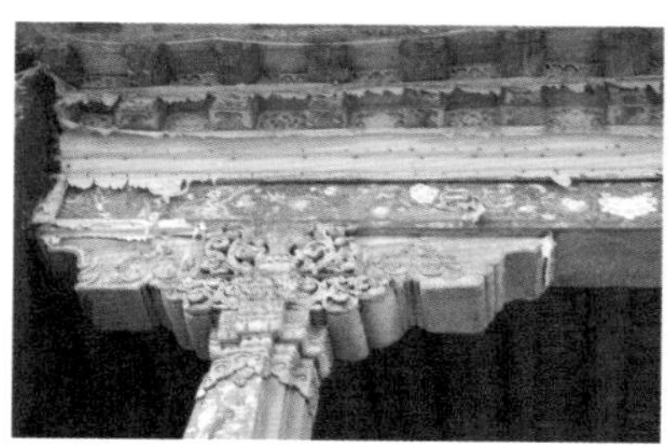
（4）柱头

（5）门廊壁画

（6）门廊壁画

（7）楼梯

图 4-87　仁定扎仓

图 4-88　古巴扎仓

其左画白度母，右画四臂佛母等像。经堂北壁正中为北佛堂。

（3）古巴扎仓

古巴扎仓（图 4-88）位于吉祥多门塔与措钦大殿南面，寺内南墙之外，东向，原为萨迦派扎仓。建筑分为左、右两部分，左部分为僧舍，右侧的一层为大殿。门廊画四天王。前厅之后是面阔 5 间、深 4 间、12 柱经堂。经堂后壁正中为佛殿，内奉三世佛，两侧置萨迦历代法王座像，四壁画萨迦祖师故事。二层为僧舍。

4. 僧舍

僧人除了每日习经拜佛，日常生活起居也在寺院中。僧人日常起居的场所在藏语中称做“康村”，是寺院中的主要基层组织。僧人进入扎仓后，一般按照家乡地域分到不同的康村中生活。康村中有僧舍、较小的经堂和厨房，外观和藏族民

图 4-89　白居寺僧舍

居并无区别。

白居寺的僧舍（图4–89）多为一层，房屋平面成“凹”字形或“L”形，多带院落，向阳面开大窗，背阴面开小窗或不开窗，彼此相连或为单独一幢矩形碉房，沿山脚而建，高低起伏不大。

5. 围墙

《汉藏史集》中有关于白居寺围墙的记载：“饶丹衮桑帕三十七岁的阴木蛇年（乙巳，1425），为班廓德庆寺修建了大围墙，每一边长二百八十步弓，围墙上建有二十座角楼作为装饰，开有六个大门，并在墙外四周种上树木。”[1]

白居寺现存围墙全长为1 440米，用黄土夯筑，有的部分的外侧用岩石嵌砌，围墙为内外双墙，宽度2~4米，高3米左右。墙基、墙身、墙头浑成一色，为朱红色，平地修筑单墙，随山地起伏筑双墙。在两墙之间砌筑单跑楼梯便于人上下防守巡逻，这时外墙仍是朱红色，但内墙刷白色，且外墙比临寺院一边的墙要矮，视觉上看，朱红色墙面上仿似有一道白边勾勒，蜿蜒连成一片。围墙现存有13个角楼遗址，但破损严重，角楼多为长方形，北部山顶上有2个楼，其外侧用岩块砌成半圆形厚墙，十分坚固。东北角还设有巨大的砖砌展佛台（图4–90），高30米，宽10米，有明显收分，一面为平整的斜面，上开8个小空洞，并与后面的角楼相连。据说，晒佛的传统为白居寺首创，大约为江孜法王饶丹衮桑帕时期，即1425年前后。每逢佛教重大传统节日，僧人从角楼爬上展佛台顶，放下卷制的唐卡。佛像需多

图4–90　展佛台及围墙、角楼

1 达仓宗巴·班觉桑布．汉藏史集[M]．成都：四川民族出版社，1985：215.

人合力才能铺展开来，信徒从很远就能看到佛像，感受佛祖慈悲。

这种建筑构型在西藏的寺院建筑中并不多见，可能是因为历史上江孜地处战略要地，烽火战乱较为频繁，白居寺是江孜最重要的宗教活动场所，必须要有自身防御能力。而建立白居寺的江孜法王饶丹衮桑帕，在群雄并立的时代，作为割据一方的诸侯，必然有这方面的考虑。

寺院的大门开在南墙上，右侧是原来的寺门，随着 1984 年江孜新街的形成，重新修建了现在的寺门。寺门现在的围墙总体上还是当时的建筑。

第三节　白居寺的宗教仪式

白居寺在江孜地区的信教群众中具有很高的宗教地位，是信教群众平日主要参拜或朝佛的对象，寺内举行的宗教仪式，在广大信教群众中发挥着潜移默化的宗教功能。即使是不信仰宗教的普通游客，选择寺院的宗教节日期间前去参观，也能够更多地感受到寺院的宗教功能和更深地了解西藏的宗教文化。

白居寺三大教派僧人除了在大经堂举办集体的大型法会之外，也在各自扎仓内举行各个教派的不同宗教仪式[1]。大经堂和各个扎仓举行的宗教仪式主要有以下几种。

1. 大经堂内的宗教仪式

（1）日常性的宗教仪式

早课：早晨 6:30 —9:30，藏历每月八、 十、十五、二十五、三十日集体念诵加行法和入菩萨行；

午课：中午 1:00—3:00 时，举行菩提道次第、药师佛、上师传承等仪轨。

晚上一般不举行宗教仪式。除了固定的宗教仪式之外，白居寺僧众还有在大经堂内诵读《般若经》和甘珠尔部的宗教仪轨。

（2）全寺大型宗教仪式

藏历一月八日至十五日，举行祈愿大法会；

藏历五月一日至十五日，举行药师佛大法会；

藏历六月十五日至七月三十日，全寺僧众坐夏修行，在此期间举办度母供养和道次第甘露心要等重要宗教仪式；

1 本节材料由中国社会科学院世界宗教研究所尕藏加先生提供。

藏历九月二十二日，举行降佛法事仪轨；

藏历十一月二十五日，举行朵嘛仪轨，主要将寺院旧年的朵嘛供品全部更换为新年的崭新面貌。

2. 各个扎仓内的宗教仪式

（1）格鲁派扎仓

藏历四月一日至十八日，举行大威德密法仪轨，期间绘制大威德坛城；

藏历十月二十五日，举行甘丹阿却（宗喀巴大师圆寂日），即燃灯节，一般在晚上燃酥油灯供佛。

（2）萨迦派扎仓

藏历四月一日至十八日，举行金刚橛密法仪轨，期间绘制金刚橛坛城；

藏历六月四日，举行佛转法轮法会，金刚橛法会。

（3）布顿（噶当）派扎仓

藏历四月一日至十八日，举行阿弥陀佛密法仪轨，期间绘制阿弥陀佛坛城；

藏历六月二十一日至二十七日，举行布顿大师圆寂纪念法会。

以上是白居寺在平日或一年内设置的固定宗教仪式，可谓内容丰富、形式多样，特别是白居寺三个不同宗派在各自的扎仓中举行的具有鲜明本宗密法特色的宗教仪式，彰显出藏传佛教具有丰富多彩的宗教仪式的特色。

第五章　白居塔——15世纪西藏万神殿

第一节　西藏佛塔

第二节　白居塔建筑上的成就

第三节　白居塔艺术上的成就

西藏佛塔是藏传佛教的一种独具特色的建筑形式，是西藏神秘而富有研究和观赏价值的文化现象。西藏佛塔起源于一定的宗教观念，并依附于青藏高原这片藏民族世代繁衍生息的故土，伴随着藏传佛教的诞生，也伴随着藏传佛教的发展，是中国佛塔的重要组成部分。西藏佛塔不仅具有鲜明的建筑风格，而且包含的内容是多方面的：既有宗教的，也有佛教建筑的；既有考古的，也有佛教艺术的；既有历史的，也有文化的；既反映了藏传佛教曾经所拥有的辉煌，也述说着藏传佛教现世的发展。它蕴涵着藏传佛教最具代表性的象征意义，是藏传佛教信仰者的一种瞻仰礼佛的物化对象。

此节将江孜白居塔作为典型案例，将这座被称为“西藏塔王”的雄伟壮丽的建筑物作为展示15世纪西藏社会历史和宗教文化的成果，从建筑角度研究西藏佛教文化、建筑艺术、民俗风情和当时社会生产力的发展水平等。

第一节　西藏佛塔

在西藏所见到的佛塔，作为独立的建筑实体单位，或置于寺院之中，或置于寺院附近，或在山头、路边、河畔。佛教将塔视为佛陀的精神体现、法身所依。西藏佛塔在发展过程中，既保持了印度和尼泊尔佛塔的基本格式，又在借鉴东南亚各佛教国家和我国内地佛塔建筑风格的基础上，充分发挥了西藏本土建筑设计者的设计技术，并经过几个世纪西藏佛教僧侣和无数佛塔营造者的不断实践和摸索，逐渐臻于成熟，形成自己鲜明的风格特征。

1. 西藏佛塔的起源

关于西藏佛塔源流的问题，在载于《西藏研究》的《喜马拉雅的佛教建筑》一文中指出：“严格来说，西藏佛塔并不是寺庙的一部分，而是形体各异的独立物。在早期和晚期的寺庙群中都有大量的佛塔。关于佛塔源于印度窣堵坡（Stupa）的历史已

图5-1　印度桑契大窣堵坡

有大量的论述，现在只需简要指出的是 Stupa 在佛教传入西藏前就已经是一个形制完善的建构。”梵文 Stupa 最初的含义是灵庙和方坟。以印度桑契大窣堵坡（图 5-1）为例，该塔建于公元前 3—前 2 世纪，由阿育王创建，由基座、半球体的覆钵以及上部的方形围栏、三层三盖塔刹组成。公元前 1 世纪晚期—1 世纪初，又建造了四方四座塔门。当时的塔还是人们祭祀先祖的陵寝，后来这种形式演变成了世界、宇宙的象征。

通常认为印度佛塔窣堵坡形式对西藏佛塔产生影响，但也不应忽略尼泊尔佛塔的影响。历史上尼泊尔是古印度的一部分，用现代地理学概念讲，佛教的发源地是尼泊尔，而并非印度，尼泊尔南部地区古名迦毗罗卫的地方是佛祖释迦牟尼的诞生地，所以对西藏佛塔的起源产生较大影响的莫过于尼泊尔佛塔。从比较大的地域范围而言，尼泊尔佛塔和我国西藏佛塔均属喜马拉雅地区的佛塔，西藏佛塔与尼泊尔佛塔在其结构、类型和内涵等方面均有着相似之处，所以与其说西藏佛塔形制接近于古印度佛塔，还不如说它更接近于尼泊尔佛塔。西藏佛塔的造型发展到成熟时期酷似尼泊尔阿尼哥时期（13 世纪）建造的佛塔，半圆冢逐渐发展成覆钵式瓶形喇嘛塔的风格。而以后西藏佛塔的发展又对尼泊尔地区的佛塔产生重大影响，这从尼泊尔现存的 3 000 多座藏传佛教寺院和以“嘉融喀肖”大佛塔为代表的众多藏式佛塔中可以得到印证。印度和尼泊尔等周边国家的佛塔是影响并促成西藏佛塔在形制、结构、类型等方面日趋成熟的直接原因。

总之，西藏佛塔赖以产生和发展的思想理论基础是藏传佛教文化，而佛教又需要通过形象化的实物或图画来宣传，于是西藏佛塔就诞生了。它始终带有一股东南亚佛塔文化的馨香，充分体现了印度和尼泊尔建塔供养思想与西藏古代建筑的完美结合。

2. 西藏佛塔的出现

西藏佛塔的历史可追溯到佛教传入西藏前的几个世纪。早在藏族原始宗教苯教盛兴时期，西藏就有祈神镇魔的土塔、石塔和木塔等，至今在西藏各地依然能够看见用土石堆积造就的众多供塔。印度佛塔初传西藏时就兼收并蓄，融入苯教的某些建塔技艺。印度佛塔初传西藏大约是在 5 世纪左右，据《西藏王臣记》记载：赞普拉脱脱日年赞 60 岁那年，有一天天空清朗、万里无云，忽然从雍布拉康王宫上空飘然降下许多佛经、佛像等“圣物”，其中就有一座一肘（一肘约合 50 厘米）

高的金佛塔。其实这些“圣物”是当时印度学者班智达洛森措和翻译师鲁特赛献给赞普拉脱脱日年赞的，但赞普不识经文，也不知其义，因此，班智达和译师返回了印度。吐蕃时期虽然藏族人信奉苯教，但这些佛教“圣物”却受到异常的礼遇，被认为是稀世珍品、尊严秘宝，摆放在王宫玉台上，接受虔诚供养，用于祈祷祝福。这就是西藏本土第一次获得的佛塔，而且是一座金佛塔。至于这些佛教“圣物”从天空中飘然而降的“神话故事”，则是对这段历史故事有意加以的渲染，以显示这些“尊严秘宝”的珍贵。藏传佛教信仰者认为这些佛教“圣物”传入西藏犹如从天而降，格外惊喜，这是神的旨意、佛的恩赐。但我们不能就此说西藏佛塔起始于拉脱脱日年赞时代，只能说5世纪已有佛塔传入的某种迹象或信号。

真正意义上的西藏佛塔始自7世纪松赞干布时期。西藏佛塔是藏传佛教的产物，和佛教义的传播两者是同步发展的，但佛塔略晚于佛教的传入，人们只有在普遍接受佛教义理的基础上，才能去营造象征佛教的建筑物佛塔。7世纪，佛塔这种象征佛陀真身和佛陀精神的建筑终于在西藏本土诞生。松赞干布时期创建的西藏昌珠寺五顶塔是藏族人在西藏本土创建的第一座结构较完整、特征较显明的藏式佛塔。另外，像拉萨红山顶的白塔、奥同湖塔、大昭寺八塔等也均是西藏早期建造的佛塔。这一时期建造的佛塔，只能代表西藏佛塔的最初形制，并不能代表完全意义上的西藏佛塔，建塔的目的也不完全是为了朝拜礼佛。例如，昌珠寺五顶塔就是为忏悔杀害五头怪龙所造的罪孽而建，佛塔设立五顶即因此怪龙有五个头颅。这与佛教在西藏本土还没有深深扎下根来，藏民族对博大精深的佛教义理知之不多，对佛塔这种外来建筑物的概念及其用途、功能、意义的认识比较模糊有关，这也是佛教在西藏初传时期产生的一种必然现象。据专家考证，松赞干布时期，西藏本土的确出现了佛塔这种特殊的宗教建筑物，但其规模、种类和数量是十分有限的。

8世纪中叶，吐蕃赞普赤松德赞时期，佛教在西藏得以蓬勃发展，据《桑耶寺简志》介绍：坐落在西藏扎囊县江北岸的桑耶寺，是我国西藏建造的第一座佛教寺院，也是西藏佛教史上第一座剃度僧人出家的寺院。8世纪中叶，赤松德赞从印度迎请大乘佛教瑜伽中观派的创始人、古印度著名佛教寺院那烂陀的首座寂护（约700—760）和印度佛教密宗大师莲花生来西藏弘传佛法并兴建桑耶寺。桑耶寺是在西藏佛教具有一定的社会思想基础和物质基础的条件下建成的，亦是西藏佛教史上佛苯斗争的产物，它对西藏的政治、经济、历史和文化产生过重大影响。

今天无论是研究西藏佛教，还是研究佛塔建筑，都要从桑耶寺开始，所以桑耶寺对西藏佛塔尤其是早期佛塔的研究来说也是至关重要的。

桑耶寺仿照印度欧丹达菩提寺建造，融入汉、藏、印建筑风格。印度僧人曾参与和主持桑耶寺佛塔的兴建营造工程，这给西藏早期佛塔烙上了印度佛塔的印迹，对后来西藏佛塔的形成产生了积极的影响。桑耶寺建成后，赤松德赞、寂护、莲花生三人亲自主持了盛大的开光典礼，并参加庆典活动。庆典喜宴上赤松德赞唱了《玉殿金座歌》，其歌词中就有一段赞颂桑耶寺四塔的唱词，歌中唱道："我的那座白色佛塔，如同右旋之白螺。那座红色佛塔，犹如火焰冲天。那座青（绿）色佛塔，好似矗立的玉柱。那座黑色佛塔，宛如铁钉钉在地上。我之佛塔实属稀有罕见。"我们知道，任何一种宗教建筑物在我国被仿造或移置的初始阶段，一般保持着较原始的风格特征，但随着时间的推移、文化的交融，这种外来建筑不断被民族化、地域化。在藏区没有真正意义上的佛塔之时，桑耶寺四塔确实是一种完美无瑕、稀有罕见、在西藏寺塔建筑中独领风骚、人们竞相模仿的具有导向意义的佛塔建筑。今天从研究西藏佛塔的角度看，桑耶寺四塔虽然具备佛塔的某些特征，但它仍有一种不成熟的稚气，这与佛教在西藏的发展尚未成熟有着天然的联系。

总之，8 世纪前后是西藏佛塔的早期发展阶段，亦是西藏佛塔形成的萌芽时期。待佛塔发展至阿底峡时期（11 世纪），在西藏建造佛塔已成为佛教徒普遍接受的广聚功德的行为了。

3. 西藏佛塔的类型[1]

据藏传佛教经典记载，佛祖释迦牟尼涅槃后，他的遗体被火化，弟子们将其舍利分成 8 份，分别建塔供养。西藏佛塔因而也出现了 8 种类型的佛塔（图 5-2）。

藏传佛教典籍中，通常把这 8 种类型的佛塔分别称为：（1）"积莲塔"，是为纪念佛祖释迦牟尼诞生后在大地上行走七步、步步生出莲花的故事而仿照古印度迦毗罗卫兰毗尼园（今印度奥德省接近尼泊尔边境）的佛塔建造的。此塔为圆形，具有莲花花瓣装饰，共有四层或七层台阶。（2）"菩提塔"，是为纪念佛祖释迦牟尼获得大彻大悟、得道成佛而仿照摩揭院尼连畔的玛格达佛塔建造的，为四方形，具有四层台阶。（3）"吉祥多门塔"（法轮塔），是为纪念佛祖释

---

1 参考：索南才让．论西藏佛塔的起源及结构和类型[J]．西藏研究，2003（02）：82-88．

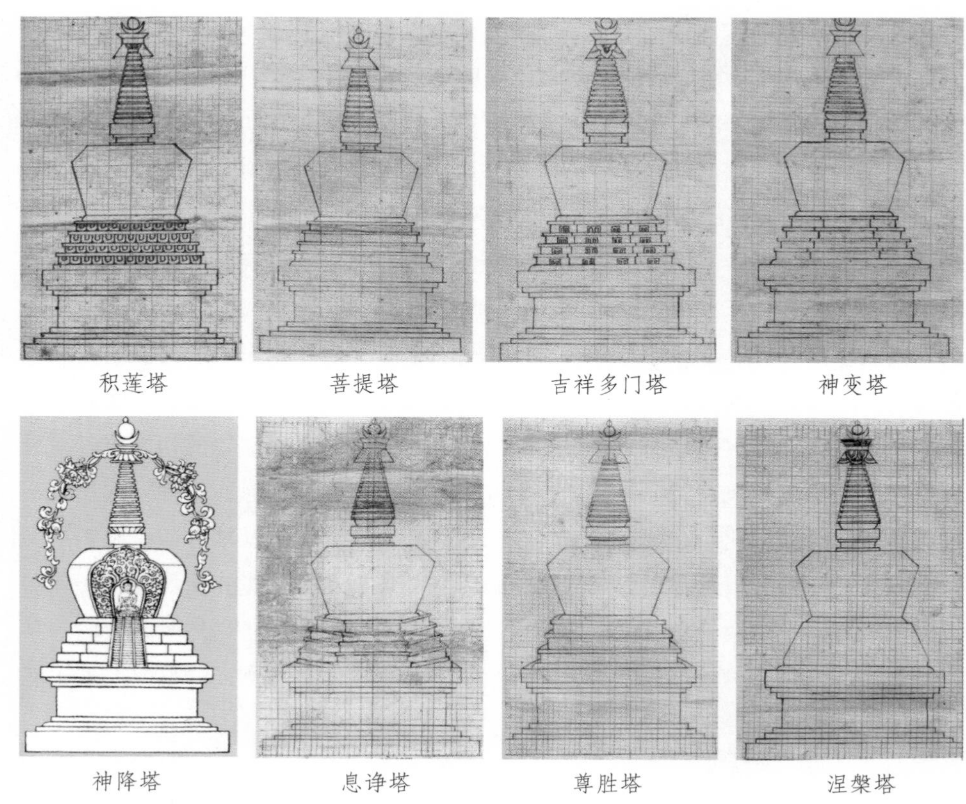

图 5-2　佛塔的 8 种类型

迦牟尼初转法轮（第一次讲经），宣讲“四谛”要义而仿照波罗奈城鹿野苑的佛塔建造的，此塔为四方形，具有四层台阶和塔外凸形建筑物。（4）“神变塔”，为纪念佛祖释迦牟尼降伏外道魔怪的种种奇迹而仿照舍卫国宰祗陀园的斯拉瓦斯蒂佛塔建造的，此塔为四方形，具有四层台阶，中间为凸形建筑。（5）“神降塔”，是为纪念佛祖释迦牟尼踏着金银琉璃化作的宝梯自天而降的奇迹而仿照桑迦尸国曲女城桑卡斯亚的佛塔建造的，此塔为四方形，具有四层台阶，中间为凸形建筑，凸形建筑物中央有阶梯。（6）“息诤塔”（分合塔），为纪念佛祖释迦牟尼平息佛教僧侣内部的争论而仿照王舍城拉杰格里的佛塔建造的，此塔为方形，四角垂直切割，具有四层台阶。（7）“尊胜塔”，是为纪念佛祖释迦牟尼在广严城测算自己寿数，他的弟子和信徒们祝愿释迦牟尼佛长寿而仿照毗耶般离城的佛塔建造的，塔为圆形，具有三层台阶。（8）“涅槃塔”，是为纪念佛祖释迦牟尼向众生显示万物无常入于涅槃状而仿照拘尸那迦的佛塔建造的。此塔没有台阶，在他的基座上铃状的塔瓶和十三法轮塔顶。

这 8 种类型的佛塔代表了佛祖释迦牟尼一生从诞生到涅槃的 8 大成就，或者说佛陀 8 个不同的精神境界。藏传佛教信仰者常以建造八灵塔来纪念佛陀一生为拯救万物有灵而建树的无量功德。我国西藏佛塔，乃至内地佛塔、西域佛塔和云南傣族佛塔均起源于佛陀涅槃后在印度及尼泊尔各地建造的 8 大灵塔。佛陀一生的 8 大功德是最初形成佛塔建筑艺术的实质性内涵，亦是世界各地的佛塔赖以存在的前提和基础，具有一定的佛教现实性。建造八灵塔朝拜礼佛，是当时西藏佛教信仰者的共同心愿，成为一种时尚。因此，按直线排列的八灵塔，在西藏乃至全藏区都能见到，著名的有青海塔尔寺的“八圣塔”。在西藏看到的佛塔多采用“八灵塔”中的尊胜塔和菩提塔等形式，举世瞩目的布达拉宫五世达赖灵塔就是按菩提塔模式建造的。

除上述“八灵塔”外，西藏佛塔中尚有声闻塔、梵天塔、独觉塔、通卓塔、贡当塔、时轮塔、莲花合瓣塔、噶当觉顿塔等名目繁多、造型迥异的佛塔，但它们的基本形制均未超出“八灵塔”形制的范围。西藏佛塔中还有一种特殊的塔型，即佛陀结跏趺坐姿的佛塔形状，佛塔结构各部分相应代表佛陀身体各部位。这种喻体与喻义的表现手法比较特殊，充分体现了“塔即是佛，佛即是塔，修塔如修佛，礼塔如礼佛，佛塔一体”的佛教信仰观。

从建筑材质来看，西藏佛塔有石塔、土塔、木塔（檀香木、旃檀木、红木、樟木雕刻成的塔）、铜塔（黄、红铜铸造的塔）、金塔、银质镏金塔、银塔、象牙镂雕塔、玉塔、陶塔、泥塔、砖雕塔等。一般佛殿外建造的佛塔大多为石塔、砖塔、土塔、泥塔等；殿内建造的大多为金属塔、珐琅塔、珍珠塔、玛瑙塔、木质塔、玉塔、骨塔、陶塔等。佛殿内建塔是西藏佛塔所特有的一种建塔形式，如布达拉宫历辈达赖肉身灵塔、扎什伦布寺历辈班禅灵塔、哲蚌寺措饮大殿形制较古的药师银塔、萨迦寺佛殿历代法王和本钦的灵塔、聂塘度母堂噶当铜塔等。

西藏佛塔塔腔主要用来珍藏高僧活佛肉身、灵骨和佛经、佛像及佛教宝物，因此也可分为生身舍利塔和法身舍利塔。所谓生身和法身是以塔内珍藏的佛教信物而加以区别的，一般安奉佛陀及高僧大德灵骨或肉身的很明显是生身舍利塔，也就是人们常说的真身舍利塔；而法身舍利塔相对较难甄别，因为西藏佛塔多数塔腔内藏有佛经、佛像、佛画及其他法物、绸带、柏枝、贵重金属品等，是一种内涵丰富的综合型佛塔，但一般来讲，珍藏佛经较多的佛塔就可认定为法身舍利塔。藏传佛教认为佛塔内腔不能空着，要珍藏佛舍利、高僧活佛法体、佛经、佛像及一些具有永久性纪念意义的供物，还要填充一种佛教泥制品，尤其是西藏寺旁村落的露天佛塔塔腔内用一种特殊的泥制“圣物”来填充，即藏族人非常熟悉的名叫“擦擦”[1]的泥塑小佛塔。当这些佛教供物奉行开光仪式后，就赋予宗教意义上的灵气和佛性，成为佛教僧俗顶礼膜拜、虔诚敬佛的一种宗教物化标志和崇拜对象。西藏佛塔塔腔容积较大，一般佛教圣物占不了太多的空间，因此需要制作大量的“擦擦”来填充。然而这种填充物不是说谁都可以随意制作，必须依据某种宗教活动的需要和佛塔建造者的意愿，以及施主的财力状况来确定其规模和数量，并接受高僧活佛的开光，这样才能与塔腔内的其他佛教供品一样具有灵性和加持力，才具有被佛教信仰者顶礼膜拜的宗教价值。至于塔腔内放置什么题材的“擦擦”，这完全取决于建塔者和施舍者的意愿和对不同教派的信仰。由于藏传佛教各宗派所供奉的神像有区别，所以佛塔内供养“擦擦”的类型也有所不同。

总之，西藏佛塔无论名目多么繁多，造型多么不同，均源自为纪念佛陀功德而建的“八灵塔”形制，其建塔意义和目的均未超出“八灵塔”所涵盖的意义和内容，是八灵塔形制的异变，属同源异流。如果说有所突破，那也是对“八灵塔”内涵意义的扩延，对藏传佛教义理及其佛陀精神和佛塔象征体系的新的感悟。

4. 藏塔的构件和象征意义

意大利杜齐教授在《西藏考古》中记述：“几个世纪的进程中，佛教逐渐改变了其教条主义的教法，从小乘佛教发展为大乘佛教，进一步又发展为在西藏居统治地位的密乘，塔的形式也随之逐渐演变，然而塔的演变仅仅局限在某些已被接受的格式之内。这些格式保持着相对的稳定，工艺水平则视修造者的技巧而异。”

发展到成熟时期的西藏佛塔通常由塔座、塔瓶（塔身）和塔刹三部分组成。如图 5-3 所示塔座从塔基向上有三层台阶、狮座台面、通梁大檐顶膳善（包括末尼、小莲、台沿、顶面），之上是四层台阶；塔瓶分瓶垫、龛门、宝瓶等；塔刹由斗基、斗、撑伞莲、十三相轮、阴轮、阳轮、伞盖、月亮太阳或小窣堵坡等组成。

1 擦擦：是梵文译音，即小型佛像或佛塔。有关“擦擦”的记载最早见于《元史 · 释老传》：“擦擦者，以泥作小浮屠也。”“浮屠”即佛塔。也就是说泥塑微型小佛塔，其数量几千、几万甚至几十万不等。“擦擦”大者盈尺，小者不足方寸。题材大多为佛、菩萨、度母、金刚、高僧像及佛塔等。其形象刻画入微，毫发不爽。

西藏佛塔的各部分构件都有着特殊的象征意义：一般佛塔最下面的四层象征四念住、四正断、四正足和五根；佛塔宝瓶的下方象征五力；宝瓶象征七觉支；宝瓶的上方象征八征道；佛塔上的十三相轮象征十力和三念住，另外它还象征大悲总持、大悲心和空性；空瓶上面的伞盖象征智慧，伞盖下的两条绳线象征四业；伞盖上的日、月象征二智的获得；佛塔的顶尖象征无二（时轮金刚和无差别）。

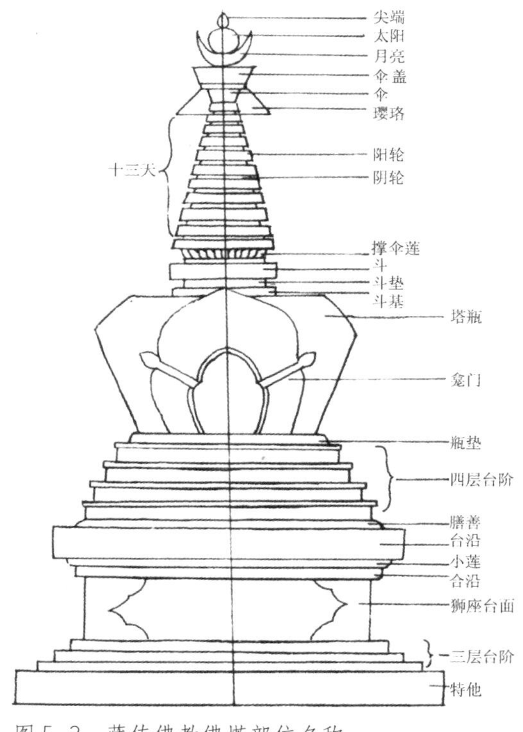

图 5-3 藏传佛教佛塔部位名称

藏传佛教高僧罗桑伦巴对西藏佛塔的构造和功能作过这样的解释，他认为：佛塔的方形塔基表示坚固的地基，其上为火球，火球上为火锥，火锥之上为气托，最上面为波动的精神或待脱离物质世界的灵气，而登达以上境界则要经过佛教的“趣悟阶路”。按西藏佛塔的三个组成部分，即塔座、塔瓶、塔刹来分别对应：塔座部分的塔基象征人世间（土界）；从金刚蔓至顶面为趣悟阶路；塔瓶部分象征水界；塔刹部分的横斗甚至伞盖象征精进之火；刹顶的月亮象征气息或风；太阳象征精神或灵气。这就把佛教土、水、火、风、空“五轮”集于佛塔一身，充分体现了佛教生命之轮永无穷尽的轮回观念；若是肉身灵塔则体现出高僧活佛法体复归自然、复归“四界”的佛教思想，以示生命运动历程中的一个阶段——涅槃寂静，从而迈向更高的轮回境界。

以上是根据不同的史料记载对西藏佛塔结构意义的不同描述。出现这些不同的描述，是因为有些是从佛塔本身的建筑结构界定的，有些是从佛塔的象征意义界定的。从表面看，对佛塔结构的认识似乎不能趋同，但其实质是如果两者能合二为一，那么佛塔结构的理论研究将从形式到内容形成一个完整的体系。

藏塔的这些象征意义可以从年代更早的尼泊尔佛塔上找到渊源。尼泊尔首都加德满都附近的斯瓦扬布纳特塔（图 5–4）（Swayambhunath，意为自体放光）已有 2 500 年历史，整个塔高 30 多米，塔基是覆钵式的白色半球体。基座的第一层圆形，象征“地”；第二层是方形，象征“气”；第三层是三角形，象征“水”；第四层是伞形，象征“火”；第五层螺旋形，象征“生命”。塔体方形，金碧辉煌，四面各绘有一双神眼，在至高之处，俯视众生。其上十三层镀金轮环，表示十三种层次的知识，这是通往极乐世界的途径。塔顶伞盖尖顶处镶嵌着巨大的宝石，代表涅槃。整座塔体现了佛教地、水、火、风“四大和合”的思想，藏塔的结构构件的发展虽有些形变，但亦没脱离这些意义。

图 5–4 尼泊尔斯瓦扬布纳特塔

5. 藏塔的度量制度

西藏佛塔发展至 13 世纪前后，形成了度量制度，有关论著相继产生，其中以布顿大师和桑结嘉措的度量制度最为著名。布顿大师[1]于 1352 年著《大菩提塔样尺寸》（藏文），并在夏鲁山沟里（日普寺）为纪念母亲修造了“尊胜十万见闻解脱”的大塔和塔群。这个塔群主塔周边围绕着大神变塔，收藏印度、尼泊尔、汉地、西藏佛教文物。现已无存，仅能通过残垣断壁以及依据具乐殿的壁画想象当时的规模，1980 年在佛塔废墟上新建了一座大型佛塔（图 5–5）。在他的书中，塔刹由月亮、日轮尖端组成，可见只有藏式日月刹在此之前已经出现，布顿大师才能总结经验。布顿大师对西藏佛塔的形制、规模、度量、层级、功能、用途、作用及其概念、意义和内涵等作了具体的界定，并予以深入细致的研究和符合逻辑的诠释，为西藏佛塔按佛教理论予以规范化定型提供了较为科学的理论依据。该制度堪称西藏佛塔的“营造法式”（笔者咨询了夏鲁寺的喇嘛，他们说此书以

1 布顿大师（1290—1364）：居夏鲁寺，创立夏鲁派。西藏佛教史上极为重要的人物之一，他对西藏佛学各个方面几乎都有著述，学识十分渊博。他不仅编纂了大藏经《丹珠尔》目录，而且对西藏 13—14 世纪以前所传的密宗典籍进行了分析、整理和注释。他被评价为西藏佛教史上“第一个把密法系统化的人”。

前见过，现已不再出版，寺中也不知是否保存原版；又问及萨迦的僧人，他亦听说过但从未见过）。

图 5-5　在布顿大师修建佛塔遗址上重建的佛塔（日普寺）

塔的度量除有布顿大师总结外，桑结嘉措[1]以布顿塔度量为依据，参照《时轮经》里的佛塔建造标准，提出修正方法，形成黄教派的量度标准。1697 年，他修造了内供五世达赖法身包金的大灵塔，待尊灵塔造成之后，写下了《盖世无双供塔与塔殿的目录——趋入解脱彼岸之舟加被泉源》。该书详细记载了盖世无双塔的所有情况，该塔所使用的度量尺寸就是今天在全西藏赫赫有名、使用广泛的“第司式度量尺寸”。他还写成了著名的《净垢》。

以下是依据《净垢》中大菩提塔度量尺寸说明写成的偈文：“欲修大小之佛塔，须具两条之中线，自顶直至落地处，分为十六为大分，大分四分为小分，塔宽应设十大分。之后自上如下分，落地基座三小分，宽为左右各二十，台座高度三小分，左右宽度下至上十七、十六及十五。狮座高度六小分，左右各十三小分，通梁以及墙小檐，高度各为一小分，宽为十四与十五。墙之小檐三小分，左右各十六小分。十善高度一小分，宽为左右各十四。四层台阶之高度平均分为二小分，宽为十三、十二与十一以及十小分。瓶垫高有一小分，宽度具有九小分，瓶高十三小分与一小分之三分一，瓶底小而瓶身大，瓶底左右宽度有同样均为八小分。往上数到十小分，左右有十一小分，之上三加半小分，形状类同于倒瓶。顶基高度半小分，宽度左右三小分，顶座高度一小分，宽度左右二小分，圆顶高度半小分，宽度二加半小分，顶杆高度二小分，宽度类同于顶基。宝莲光髻半小分，宽度类同于顶杆。十三法轮之第一，宽度皆为三小分，之上余十四小分，是为十三法轮

1 桑结嘉措（1653—1705）：拉萨人，出身于大贵族仲麦巴家。康熙十八年（1679）起，管理西藏政务，成为达赖的代理人，主持西藏政治 40 余年。

与大悲总持之高度，高度悉皆平均同，大悲总持上微宽。第十三轮之宽度，一加半小分之边，延伸印出一线条，伸至第一轮之边，线内增半小小分，尺寸平均分布已，往上渐细甚美丽。十三法轮每一轮，三分之二为父轮，三分之一为母轮，之上华盖遮雨高，一一加半小小分，盖宽类同八父轮，遮雨宽同第六轮（此有华盖与遮雨为一体之说），顶檐高为三小分，左右宽三小小分，学士云其庄严美。仰月高为一小分，两头间宽同遮雨，日轮高为二小分，半径宽为一小分，顶珠高宽一小分，如此造就菩提塔。”[1]

第二节 白居塔建筑上的成就

纵观西藏佛塔的发展，其中最叹为观止且至今仍庄严如初、造型绝妙、巧夺天工的是 15 世纪的江孜白居塔（图 5-6）。从建筑价值来看，该塔也许是藏族工匠们创造的前所未有的最为重要的纪念碑式的建筑杰作，从艺术价值来看，塔身的 76 座小殿中无数雄伟壮丽的绘画作品，反映出十分成熟和最为光辉灿烂的藏传佛教艺术。这座白塔在我国佛塔的建造史和艺术史上都可以说是举世无双的杰作。

图 5-6 白居塔外观

1. 建造时间

吉祥多门塔（即白居塔）位于大佛殿西侧，民间称这座塔为“班廓曲颠”，意为“流水漩涡处的塔河上修建眼桥”，流水便是指日喀则地区的年楚河，白居寺就是因为拥有这座佛塔才格外富有魅力。《汉藏史集》记此塔建造年代：“饶丹衮桑帕……三十九岁的羊年（丁未，明宣德二年，1427）为十万佛像吉祥多门

1 根秋登子，次勒降泽．藏式佛塔［M］．成都：民族出版社，2007：43．

塔奠基，不几年就全部完成。在这期间编写十万佛像及第二幅缎制大佛像的目录、噶丹静修地创建记。”[1] 塔全部完工于 1436 年。

2. 白居塔形制的由来

白居寺吉祥多门塔并不是西藏唯一一座吉祥多门塔造型的佛塔，也不是建造年代最早的吉祥多门塔。在后藏地区除江孜吉祥多门塔外，还有觉囊大塔、江塔和日吾且塔，它们采用的都是吉祥多门塔建筑形式，规模也十分宏大。觉囊大塔、江塔遭到毁坏，成为一片废墟，日吾且塔（图 5–7）仍然还矗立在今后藏昂仁县多白区的日吾且村。它们表明吉祥多门塔造型是 14—15 世纪流行于后藏地区的一种建筑模式和建筑风格，白居寺吉祥多门塔的建造无疑受到这种潮流的影响。

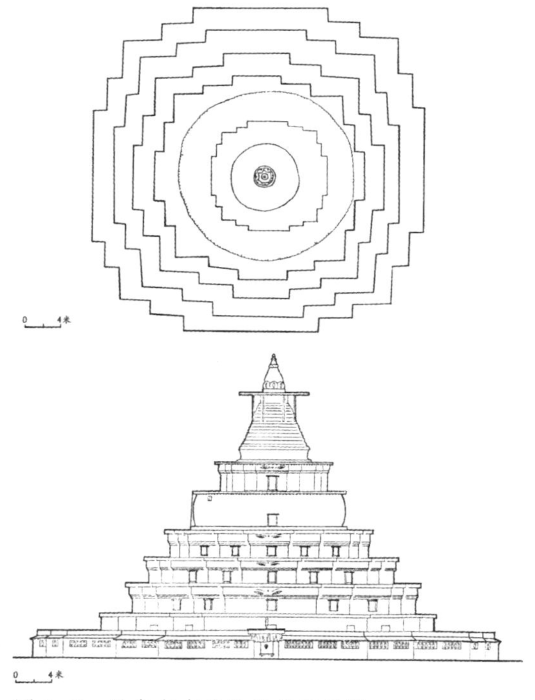
图 5–7　汤东杰布建造的日吾且塔

香巴噶举高僧、著名的桥梁专家和藏戏创建者汤东杰布，14 世纪初参加了索南扎西主持的江塔的修建和开光仪式，后来又亲自主持和参加了日吾且塔的修建，他十分了解觉囊大塔和江塔的造型和结构，日吾且塔就是根据觉囊大塔和江塔修建而成的。从地理位置上看，三塔分别位于藏西的拉孜县和相邻的昂仁县，距离很近，因此三塔之间在造型和结构上的相互借鉴和吸收顺理成章。

白居塔在造型和结构上受到三塔的影响，还有两条重要的依据：一是江孜白居寺创建者之一的克珠杰（追封为“一世班禅”）是拉堆地区人，十分了解该地区的觉囊、江塔和日吾且塔，而且他是江孜白居寺的堪布，有权参与决定白居寺佛塔的造型和设计；二是白居寺大部分画家和雕塑家都来自于拉堆地区的拉孜，十分熟悉拉堆艺术风格，所以白居塔的壁画和雕塑艺术受到了拉堆艺术的启迪和

1 达仓宗巴 · 班觉桑布．汉藏史集[M]．成都：四川民族出版社，1985：215.

影响。后藏地区的江孜白居寺白塔和昂仁日吾且塔，向人们展示了西藏佛塔史上的另一种成就。这里寺塔合二为一，寺即是塔，塔即是寺，寺中有塔，塔中有寺，寺塔结构合理配置，相得益彰。这种形式与结构的佛塔在西藏乃至全国也是十分罕见的。

更重要的一点是，白居塔虽然建于15世纪，但是建筑外表却保留了大量尼泊尔佛塔的符号，和建于公元前2世纪的尼泊尔斯瓦扬布纳特塔比较，两塔上部形式接近，为十三相轮，说明了尼泊尔塔与西藏塔之间的渊源关系。元代尼泊尔工匠阿尼哥1260年第一次到中国，首先在西藏修建了黄金塔（原址不详），并相继修建了北京妙应寺塔（1271）、五台山大白塔（1301），二者均以尼泊尔的十三相轮为制，相信在西藏建的黄金塔也如此。布顿大师的《大菩提塔样尺寸》一书即以十三法轮为制，并规定了日月心刹制度，改变了尼泊尔塔刹的小型窣堵坡的做法。观察白居塔塔刹，它也采用了十三相轮，但并未用日月刹，仍保留尼泊尔小型镀金窣堵坡的塔刹，另塔首四面各有一双巨眼，绘制眼状纹饰习见于尼泊尔寺庙上，在西藏除白居塔外几乎并不多见。

白居塔前广场原为土路，现铺上平整的石块；设置风马旗的位置也有变动，除此之外白居塔并未有太大的变化。

3. 白居塔的造型分析

白居塔外观9层，内有13层，高约42.5米，塔基占地直径62米，占地面积约2 670平方米。寺内设有大小76间佛殿、神龛和经堂（其中一层20间，二层16间，三层20间，四层12间，五层4间，六、七、八、九层不分间共4间），外开108个门，被称为“塔中寺”（图5–8、图5–9）。殿堂内藏有大量佛像，故又称“十万佛塔”。

白居塔为吉祥多门式佛塔，塔体由十三层石阶、塔基、塔瓶、塔首和塔刹等几个建筑单元组成（图5–10~图5–15）。一至四层为塔基部分，在长宽约60米的基础上东、西、南、北四方逐层收分，并建有石墙泥面围栏和墙檐。白居塔在建筑构造上极为科学，塔心为实心，每一层围廊构成环绕的转经路线，毗连的各种神龛之间相互独立，由下而上，龛室面积逐渐变小，最终可直达塔顶。

图 5-8 底层入口

图 5-9 院门入口

图 5-10 白居寺吉祥多门塔，左图为C.S.卡廷摄于1935年，藏于尼瓦克藏文档案博物馆，右图为笔者摄于2007年

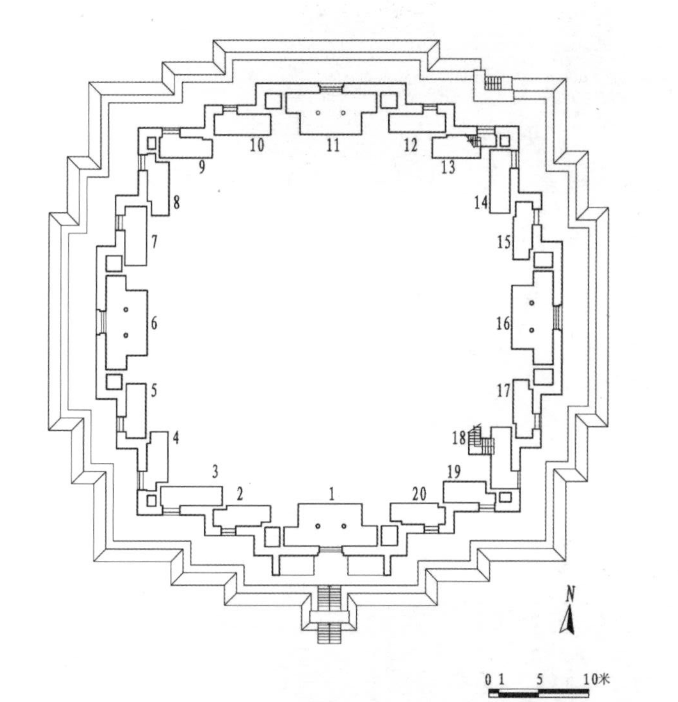

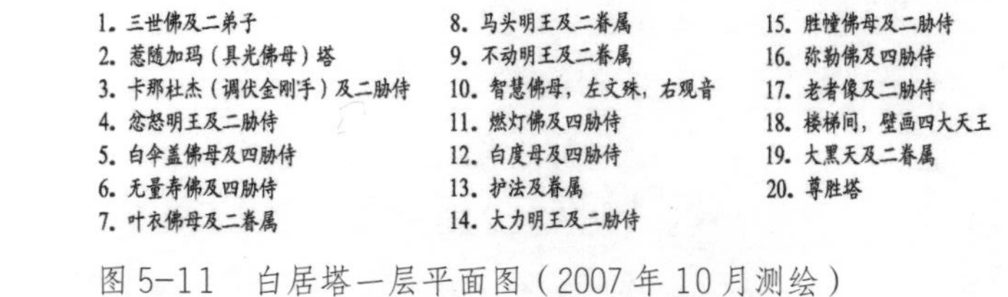
1. 三世佛及二弟子
2. 惹随加玛（具光佛母）塔
3. 卡那杜杰（调伏金刚手）及二胁侍
4. 忿怒明王及二胁侍
5. 白伞盖佛母及四胁侍
6. 无量寿佛及四胁侍
7. 叶衣佛母及二眷属
8. 马头明王及二眷属
9. 不动明王及二眷属
10. 智慧佛母，左文殊，右观音
11. 燃灯佛及四胁侍
12. 白度母及四胁侍
13. 护法及眷属
14. 大力明王及二胁侍
15. 胜幢佛母及二胁侍
16. 弥勒佛及四胁侍
17. 老者像及二胁侍
18. 楼梯间，壁画四大天王
19. 大黑天及二眷属
20. 尊胜塔

图 5-11　白居塔一层平面图（2007 年 10 月测绘）

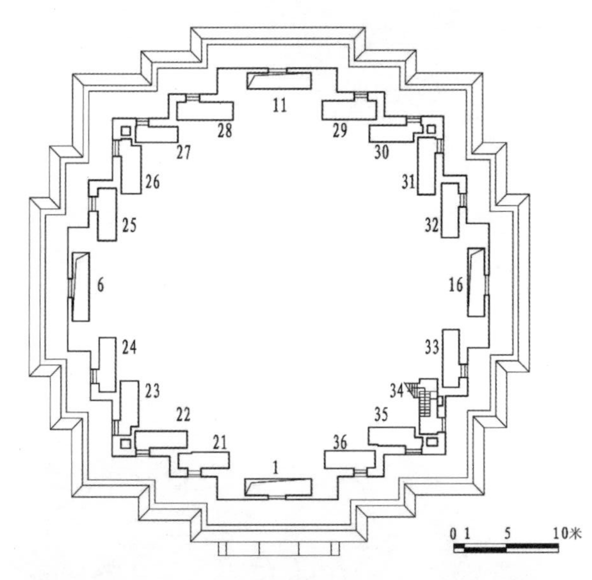

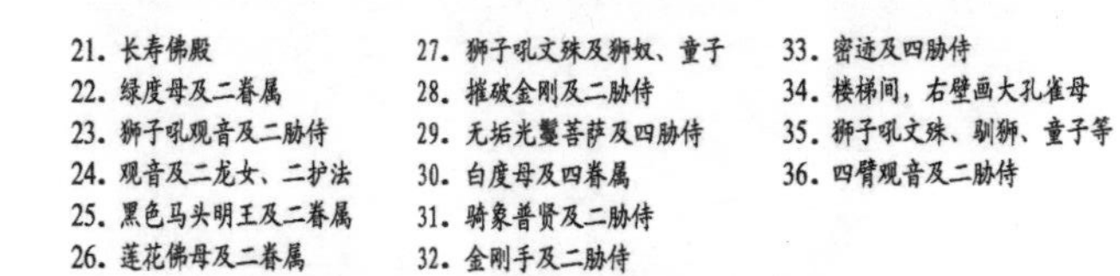
21. 长寿佛殿
22. 绿度母及二眷属
23. 狮子吼观音及二胁侍
24. 观音及二龙女、二护法
25. 黑色马头明王及二眷属
26. 莲花佛母及二眷属
27. 狮子吼文殊及狮奴、童子
28. 摧破金刚及二胁侍
29. 无垢光鬘菩萨及四胁侍
30. 白度母及四眷属
31. 骑象普贤及二胁侍
32. 金刚手及二胁侍
33. 密迹及四胁侍
34. 楼梯间，右壁画大孔雀母
35. 狮子吼文殊、驯狮、童子等
36. 四臂观音及二胁侍

图 5-12　白居塔二层平面图（2007 年 10 月测绘）

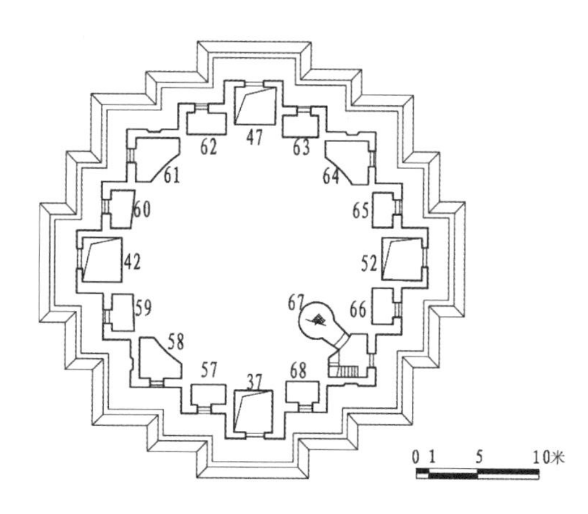

37. 无量光佛及二胁侍
38. 金刚菩萨及二胁侍
39. 忿怒母及二胁侍
40. 大佛母及二胁侍
41. 毗卢舍那及二胁侍
42. 宝生佛及四胁侍
43. 文殊菩萨及二胁侍
44. 金刚菩萨及二胁侍
45. 金刚手及二胁侍
46. 文殊及二胁侍
47. 不空成就及四胁侍
48. 毗卢舍那及二胁侍
49. 无量寿佛及二胁侍
50. 佛光护持及二胁侍
51. 日光佛及二胁侍
52. 不动佛及四胁侍
53. 日光佛及二胁侍
54. 55. 楼梯间
56. 金刚菩萨及二胁侍

图5-13 白居塔三层平面图（2007年10月测绘）

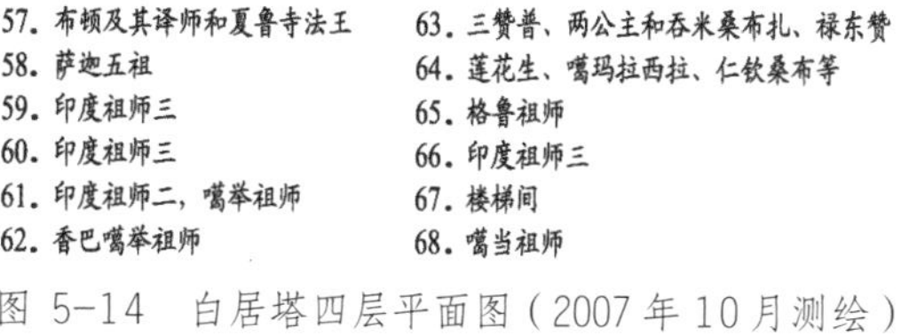

57. 布顿及其译师和夏鲁寺法王
58. 萨迦五祖
59. 印度祖师三
60. 印度祖师三
61. 印度祖师二，噶举祖师
62. 香巴噶举祖师
63. 三赞普、两公主和吞米桑布扎、禄东赞
64. 莲花生、噶玛拉西拉、仁钦桑布等
65. 格鲁祖师
66. 印度祖师三
67. 楼梯间
68. 噶当祖师

图5-14 白居塔四层平面图（2007年10月测绘）

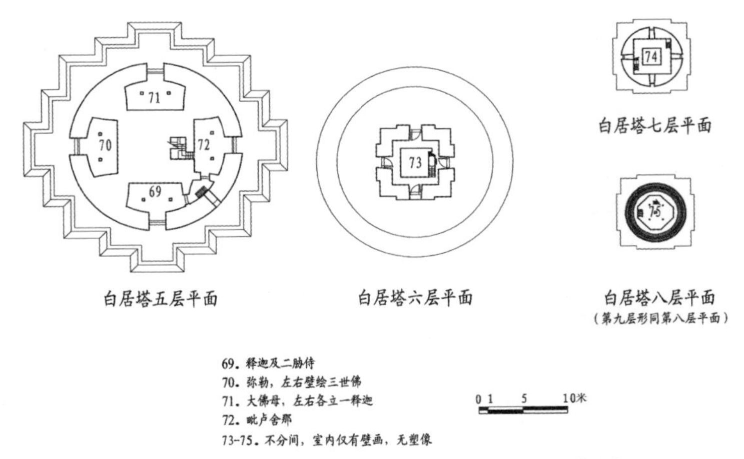

图 5-15　白居寺五层至八层平面图（2007 年 10 月测绘）

一层（图 5-16~ 图 5-19）、二层（图 5-20~ 图 5-22）和三层（图 5-23~ 图 5-25）每面建 5 座佛殿（平面共有 20 角），四层每面建 4 座佛殿，其中正中为大殿，左右两座佛殿为配殿（图 5-26~ 图 5-29）。一、三两层佛殿的布局和结构相同，正中大殿开间高大，向上延伸，分别与二、四层佛殿相通。二、四两层佛殿的布局和结构基本相同，正东、正西、正南和正北佛殿有门无殿，是一、三层大殿的延伸。塔东面建有通往各层直至塔尖的门殿和石阶，称为八大解脱城门。

图 5-16　一层正北佛殿梁架

图 5-17　一层至二层楼梯入口

（1）四大天王

（2）正北佛殿度母

（3）正北佛殿释迦牟尼

（4）正东佛殿度母

（5）正西佛殿佛像

图 5-18　一层塑像

（1）正北佛殿

（2）正东佛殿佛像

（3）正东佛殿释迦牟尼

（4）正东佛殿建筑

（5）正东佛殿舍身饲虎

图 5-19　一层壁画

图 5-20　二至三层楼梯

图 5-21　二层塑像

图 5-22　二层壁画

图 5-23　三层楼梯间和梁架

图 5-24　三层塑像

图 5-25　三层壁画

图 5-26　四层楼梯间

图 5-27　四层回廊

图 5-28　四层塑像

图 5-29　四层壁画

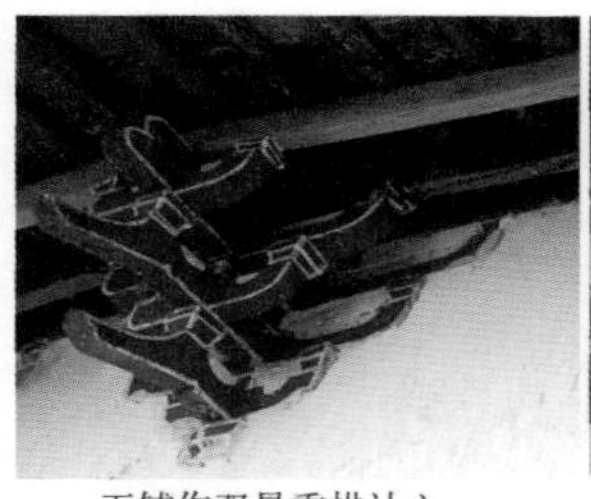
五铺作双昂重栱计心
白居塔五层补间铺作

四铺作单昂重栱
白居塔六层补间铺作

四铺作单昂重栱转角各出一斜昂
白居塔六层角铺作

图 5-30　白居塔五、六层斗栱

五层为塔瓶部分，外墙圆形，粉白色，直径约 20 米，墙上方斗栱（图 5-30）为五铺作双昂，重栱计心造，三十二朵，以承出檐，上为覆钵。墙四面正中各辟一门，门外两侧为束莲柱，束莲柱外侧和门上方的门塑为六拏具装饰(图 5-31)。六拏具中大鹏(伽噌拏）只存头部与翅爪，两爪紧抓蛇神尾部并纳入口中，大鹏下两侧各有蛇身摩羯（布啰拏），当是早期形制，再下是童男（婆罗拏）作骑龙之相，还有兽王（福啰拏）、象王（救啰拏）（图 5-32~ 图 5-36）。

图 5-31　白居塔第五层六拏具门饰

图 5-32　五层佛殿入口

图 5-33　五层屋面底层

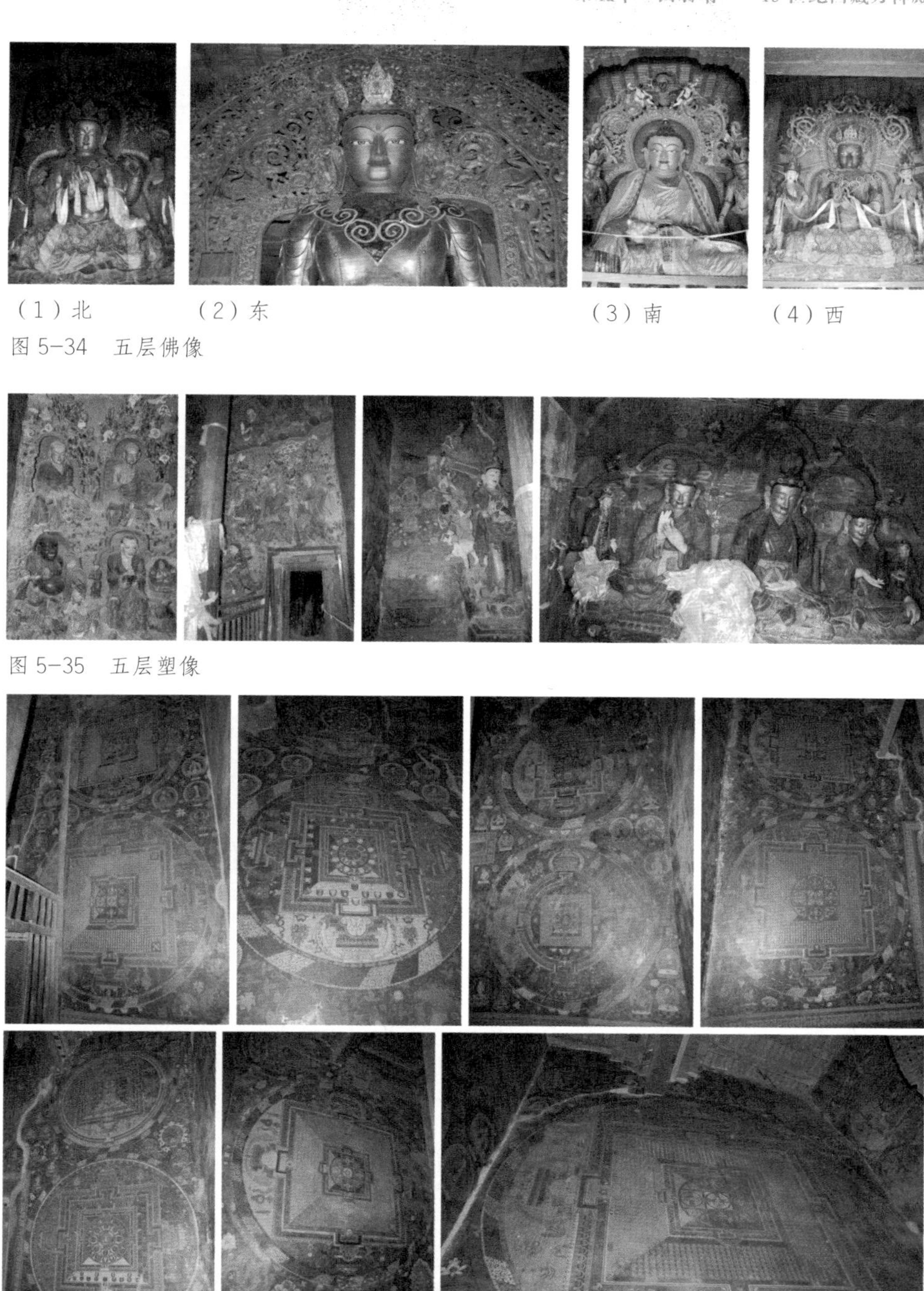

（1）北 （2）东 （3）南 （4）西

图 5-34 五层佛像

图 5-35 五层塑像

图 5-36 五层坛城壁画

六层塔首部分，外壁为十字折角相轮座（平面共有 12 角），四周檐下置斗栱二十朵，以承出檐。补间铺作两朵，四铺作单昂，重栱计心造。四正面各辟一门，门楣上各画一双宽达 3 米的巨眼（图 5–37）。据说来源于印度教湿婆神的巨大慧眼，能观人间一切。正是这四双眼睛的存在，使这座巨大的佛塔仿佛有了生命一般。尼泊尔的萨拉多拉大塔、斯瓦扬布塔四边均有一双慧眼（图 5–38~ 图 5–45）。无

图 5–37　白居塔六层门楣上的巨眼

图 5–38　六层外檐斗栱

图 5–39　六层外檐转角斗栱

图 5–40　六层入口

图 5–41　六层内廊（转经道）

图 5–42　六层楼梯

图 5–43　六层外窗

图 5–44　六层顶面构造

图 5-45 六层壁画

疑，白居寺塔的这种形式，渊源于尼泊尔的佛塔。

七层为承托相轮的仰莲，平面方形，四面各开一门，室内有一利用方形相轮柱的中心柱式佛堂。仰莲上为铜皮包裹的锥形十三天。八层内部为平面抹角方形的佛堂，佛堂正中偏西，东向设坛，上置金刚持铜像，右立持铃杵菩萨，左立持颅钵菩萨。四壁画各派祖师像。九层即伞盖下的空间，平面圆形，现内无佛像，但伞盖底面分八格，各格画一菩萨[1]（图 5-46）。

图 5-46 仰莲及伞盖下的佛像

伞盖之上塔刹高约 5 米，十三法轮由底部和顶部组成，底部莲花座外圆内方。塔幢也由上下两部分组成，从十三天部分升出 8 根木柱，支撑上部塔顶的铜制镏

1 宿白．藏传佛教寺院考古［M］．北京：文物出版社，1996：143.

金宝盖和小窣堵坡塔刹，小窣堵坡塔刹的结构也明显地分为刹座、刹身、刹顶三部分，内用刹杆直贯串联。为了使顶部稳固，用四根铁链分别系在宝盖和六层覆蓬位置，链子上也挂满了金铎，远处望去塔顶部光彩夺目。

整个建筑造型雄伟壮观，外形优美而又富于变化，结构上也极为科学，塔心为实心，每一层围廊构成环绕的转经路线，毗连的各神龛之间互相独立，由下而上，龛室面积逐渐变小，现在最终可达塔身第六层（图 5–47）。全塔以土石材料为主，细节上也有木结构，尤其在塔腹以上部分，采用斗栱、柱枋等，完全是明代汉地木构的式样。

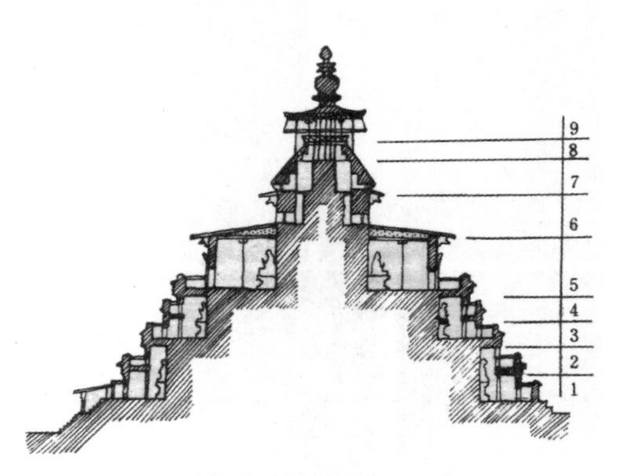

图 5–47　白居塔剖面示意图
图片来源：宿白 . 藏传佛教寺院考古 [M]. 北京：文物出版社，1996:139

白居塔的色彩也极为丰富。总体为白色，一至五层每层涂白色的墙面约占整个墙体高的 2/3（图 5–48）。一层檐口至出挑的蓬，从下到上依次为：约 18 厘米高的棕红色带，15 厘米高的黑底金字的藏文字图案，10 厘米高的棕红色底出挑枋涂绿，枋截面尺寸约为 8 厘米 ×8 厘米的方形。其上约 40 厘米高的墙面底色为蓝色，上绘绿色圆形卷草图案，中间绘各形各色的莲花，还在每面墙的中心位置根据墙面的长短在卷草图案中绘 1~2 尊仙女、天神。上部约 8 厘米为棕红色，出挑的椽子涂蓝色。椽上的小篷以石片及阿嘎土作面层，涂棕红色。二至四层基本相同，但椽和枋之间的墙面的图案颜色与一层不同，为白底，并在每边转交处及中间绘制菱形黑底的绿色或橘红色卷草图案，有的之间为圆形的八吉祥[1]图案。每层的围栏涂橘色。五层外观基本绘白色，斗栱

图 5–48　塔的墙面装饰（东北角拍摄）

1 八吉祥：藏语称“扎西达杰”，象征吉祥，即吉祥节、妙莲、宝伞、右旋海螺、金轮、金幢、宝瓶、金鱼。常以石雕、木雕和铜雕、彩绘等形式装饰在寺院、建筑、帐篷、器皿、绘画中。

相隔涂绿或蓝。六至九层是装饰的重点，出挑的椽子和枋及斗栱结构涂蓝或绿色，六层绘有传神的巨眼，其上额枋部分彩绘花朵，色彩多为橘、蓝、绿等饱和色，七层仰莲的绘制也多为橘、蓝、绿色的对比涂绘。再上为金色的塔刹部分。

总体而言，白居塔每层的墙面大部分是白色的，但在每层檐部重点彩绘色彩对比强烈的图案，巧妙地让人感觉到层次分明，有主有次。如果没有这些装饰色彩，白居塔整体会逊色不少。

据说，十万佛塔具有非凡之处，对着佛塔念一遍经，等于在其他地方念一千遍。因此，每年都有从青海、云南、四川甘孜等地赶来朝拜的喇嘛和善男信女，以及国外的佛教徒。

奇幻的宗教力量，使十万佛塔寄予着众生们延福消灾的无尽祈求，梵音朗朗中，神灵庇佑着虔诚而善良的人们。融入这静谧、安详又神秘的氛围中，令人感到一种灵魂的净化。

第三节　白居塔艺术上的成就

藏族绘画艺术起源于远古时代的岩画，其主要内容是鹿、牛、羊、马等形象和狩猎场面。到吐蕃时绘画技艺已相当发达，特别是佛教绘画从印度传入藏区以后，经过漫长的发展，由最初的宗教教义图解，演变为具有浓郁民族特色的藏传佛教绘画艺术。早在松赞干布时期便出现了一些观音、度母、马头金刚等石刻神像，同时期的大昭寺二楼的东侧、北侧的释迦主尊佛像，赤松德赞时期桑耶寺的“十二相成道”等都是西藏壁画艺术较早的作品之一。吐蕃时期西藏活跃的绘画流派不仅有印度、尼泊尔的流派，还有中原内地等艺术流派，壁画的创作兼收并蓄，呈现出浓郁的受外来风格影响的痕迹。9 世纪初逐渐开始学习内地和研究国外画匠技法。10 世纪末，佛教在西藏再次复兴，带来了壁画艺术的繁荣。日喀则的夏鲁寺、萨迦北寺的早期作品，江孜的乃萨寺、康马的艾旺寺的壁画都是这一时期最著名的代表作。11—13 世纪为兴盛尼泊尔画风的时期。13—15 世纪是西藏壁画在吸收、借鉴域外艺术风格的基础上，形成自己独特艺术风格并日益走向成熟的重要历史时期。萨迦南寺、夏鲁寺、日吾且寺、江孜白居寺及扎什伦布寺的壁画，是这一时期的重要作品。

从元代开始，西藏地方和元代宫廷艺术家之间大规模频繁的艺术交流，不仅创造出了一种崭新的宫廷藏传佛教艺术流派，而且也为日喀则艺术创作的发展提供了丰富的“养分”，内地绘画风格和形式开始被采用。夏鲁寺扩建后的壁画艺术即是这一交流的结晶，白居寺壁画则是吸收当时西藏各地本土艺术风格并将各种风格完美融为一体的集大成者。据白居寺壁画题记记载，白居寺壁画全部出自本土画家之手，这些画家分别来自日喀则北部、中部、南部和拉萨地区，他们将各自的地方风格成功地在此融为一体，创造出了著名的“江孜风格”。江孜风格的形成，标志着日喀则乃至西藏壁画艺术走向成熟。之后，壁画艺术繁花似锦，各种艺术风格不断涌现，各个艺术流派争奇斗艳，壁画艺术逐步走向鼎盛。

江孜白居寺的吉祥多门塔壁画达到了这一风格的最高成就，成为江孜风格绘画的典型代表，并对后来西藏勉唐绘画的创立提供了必要的准备和启发。据白居寺壁画题记的记载（表 5–1），白居寺雕塑和壁画的作者主要是来自拉孜县、康马县和尼木县的后藏地区艺术家，包括大师级的齐乌岗巴活佛也参与了塔内壁画的绘制工作。画师们留下了名字并创立本民族画风，像是预见了自己的作品将会有万古不朽的历史价值。

唐卡在日喀则绘画中广为流行，也是最为独特的一种艺术形式，它是刺绣或绘画在丝帛上的一种彩色画卷，因其造型类似于我国内地的卷轴画，因此也有卷轴画之称。一些人认为它的渊源与国画卷轴画有密切关系，也有人认为它是从印度、尼泊尔早期朝圣者随身携带的一种卷轴画的基础上发展而来的。

唐卡是在壁画的基础上兴起的一种绘画艺术，经过数百年，到了明清时期发展到了一个新的高峰，形成了不同的风格。这是西藏绘画长期发展的必然结果，也是西藏绘画艺术更趋成熟的表现。唐卡画派大致先出现门塘和青孜两个不同派别，后来前、后藏和西康地区各有特点的画派也相继形成。此外，还有专门模仿内地和尼泊尔画风的汉风画派和尼风画派。这些不同风格的画派，促进了唐卡艺术的发展，形成了百花齐放、争奇斗艳的局面。门塘派成为后来以日喀则为中心的后藏地区画风的前身，虽然门塘和青孜两派在画佛像的《度量经》所遵循的原则和大的动态造型上都差不多，但是在具体设色、染色和勾线以及图案、装饰方面，则各有其独到之处。门塘派善于画极身佛，青孜派善于画怒神、天王力士等。

表 5-1 江孜白居寺吉祥多门塔部分画师名录

序号	姓名	说明	序号	姓名	说明
1	贡噶瓦	甲地，位于 1、3 号殿，催破金刚手殿	18	潘钦杰巴	聂木桑日
2	先饶见桑渡	努地甲康的僧人，他或许与下列的第 5 位画师为同一人	19	参乃	乃宁赞乃
3	塔巴瓦	拉孜，塔楼，下神坛	20	喇嘛贡	
4	桑杰桑波	一位僧人	21	南喀班	
5	先饶班	或许与第 2 位画师为同一人	22	聂木雅德	
6	顿珠桑波	拉孜，顿日的大师	23	班觉仁钦	乃宁，一位僧人
7	?	拉孜的一位僧人	24	仁钦班觉	乃宁，智慧殿
8	扎西桑波	星曜佛母殿	25	格西索南班觉瓦	乃宁
9	喜饶嘉措	桑丹，增禄佛母殿	26	班钦	拉孜宗雪
10	扎西	拉孜附近协擦，这个名字或许与下面捉到的第 29 位及第 8 位的扎西桑波同为一人	27	卓杰旺秋	拉孜卡萨
11	坚赞巴	乃宁，尊胜佛母殿	28	却迥扎阿	拉孜夏蔡
12	南喀沃塞	拉孜德钦	29	扎西桑波	拉孜夏蔡，或许他与前面第 8 和第 10 位人物同为一人
13	格瓦	拉孜德钦	30	勒巴	拉孜萨隆
14	格玛洛珠热塞	拉孜德钦	31	拉依坚赞	第 23 位人物之子
15	拉孜的居士	这更像是一个称号而小是人名	32	顿珠杰	喀卡，据说在其他地方是班丹卡噶，拱顶，塔楼，上神坛
16	贡却桑波	觉囊，圆顶阁，塔楼，下神坛	33	班培瓦	乃宁，拱顶，上神坛
17	桑丹桑波	夹塘	34	桑（杰）仁巴	卡噶，塔楼，上神坛

资料来源：杜齐．西藏画卷[M]，1949：207.

唐卡、壁画艺术，随着表现能力的进一步提高和对外来各种风格以及技巧方面的取精去粗，进而达到了它的高潮阶段。五世达赖喇嘛至德斯·桑杰加措执政时期，社会处于相应安定状态。在这种社会背景下，1690 年德斯·桑杰加措在全西藏范围内大批召集了具有高超技术的工匠和画匠，兴建白宫，扩建了布达拉宫，历时四年，终于完成了这一伟大工程。这一时期是西藏唐卡、壁画历史的鼎盛时期。同一时期建造的日喀则最有名的寺庙扎什伦布寺和江孜白居寺的壁画亦可看到此一时期的迹象。

1. 白居寺壁画的形成

很多现代学者，无论是藏族还是西方学者，大都将形成真正的西藏艺术风格的时间确定在大约 15 世纪中期。15 世纪 30 年代白居塔壁画的风格表明了藏民族绘画风格的产生，这一时期的藏族艺术家们已经有了艺术的敏感性和独特性，正如杜齐所述："这一时期的西藏艺术家们采取了西藏绘画中极为罕见的做法，在自己的作品上署名。"白居塔的壁画正是处于关键的"西藏风格"形成时期。

壁画在白居寺造型艺术中占据十分重要的地位，尤其是吉祥多门塔内壁画数量之大、品质之精在藏族画史上占据着不可替代的重要位置，它代表了一个时代乃至整个藏传佛教艺术从发生走向鼎盛的轨迹。在此我们有必要去探究，对白居寺壁画形成有着深远影响的要素。

（1）萨迦、夏鲁寺风格对白居寺壁画的影响

白居寺壁画风格因素最早可以追溯到萨迦时期。白居寺的创建者夏喀哇家族同萨迦昆氏家族及其教派在政治、宗教、婚姻等方面存在着极为密切的关系。夏喀哇家族成员不仅在少年时代都要到萨迦去学习、供职，而且从帕巴贝桑布开始，朗钦就一直由夏喀哇家族成员辅佐出任，尤其是到了饶丹衮桑帕时期，还在宗教上同萨迦派建立了师徒传承关系。饶丹衮桑帕早年师从萨迦派都却拉章传人南渴烈思巴（明朝封"辅教王"），成为其著名的心传弟子之一。后来他在白居寺的扎仓中专门设立了宏传萨迦派教法的僧学院，并且在大殿二层和白居塔四层辟设了两个道果殿，展示和宏传萨迦派在政治和宗教上取得的瞩目成就。萨迦寺壁画在吸收中亚和中原内地艺术风格的同时，形成了具有独特风格的创作，对白居寺的壁画创作产生了不小的影响。

萨迦的坛城壁画对白居寺的坛城创作影响尤其巨大。据白居寺壁画题记和《江孜法王传》记载，吉祥多门塔五层东无量宫殿北壁根据瑜伽续摄根本续第一品绘制的以金刚界大手印为主的坛城壁画，就是根据萨迦派坛城仪轨绘制的。题记明确记载，关于这幅坛城绘制仪轨，宗教界存在着无畏大师、释迦协聂和贡嘎宁波及普美琼乃巴大师等四种不同的主张，而此幅坛城壁画主要是按照贡嘎宁波[1]大师

1 贡嘎宁波（1092—1158）：萨迦派教义的主要创建者。此人显密兼通，学识渊博，不仅学到了道果法口诀，还学到了修习方法，将卓弥译师所传的道果法系统化，确立为萨迦派的主要教法。他不仅享有萨迦大师的称号，而且还被追认为萨迦五祖中的鼻祖。

的主张绘制的。还有如吉祥多门塔一层叶衣佛母殿、白伞盖佛母殿等壁画都是根据萨迦派样式绘制的。

从坛城内容来看，夏鲁寺的坛城壁画也影响了白居寺坛城壁画的创作。吉祥多门塔五层的大部分坛城壁画，题记都明确记载是根据布顿大师所著的十万尊像坛城仪轨绘制而成。

（2）拉堆画风的影响

据白居寺画家题记中部分画师名单记载，白居寺的壁画和塑像主要是由后藏的拉孜和当时江孜的乃宁两地的艺术家队伍创作完成的。14—15 世纪，这一地区产生了诸如觉囊大塔、江塔和日吾且塔等精美宏大的塔寺建筑和壁画群，形成了比较一致、具有地方特色的艺术风格，由于传统上这一地区被称为拉堆地区，故称该地区的艺术为拉堆艺术风格（La-stod Style）。拉堆艺术无论是在寺塔建筑造型，还是壁画的创作风格上都对白居寺产生了直接的影响。对白居寺吉祥多门塔的影响在建筑部分已经叙述，下文着重说明拉堆画风对白居塔的影响。

G. 杜齐和罗伯特·维塔利认为拉堆三塔的艺术受到了萨迦寺和夏鲁寺的影响。这三个地方的塔形成了具有独特地方个性又比较统一的风格。因此，白居寺壁画也主要受到了融合萨迦、夏鲁寺风格的拉堆艺术风格的影响。据不完全统计，吉祥多门塔一层的白伞盖佛母殿、马头明王殿、不动明王殿，二层的度母殿，三层的金刚菩萨殿、无量殿、大佛母殿，及四层香巴噶举祖师殿等殿壁画都是由拉孜和觉囊画家创作的。在这些壁画中，我们不仅能够找到与觉囊大塔胁侍菩萨造型接近的五叶冠及塑像构图，在人物造型轮廓上能看到质朴有力、一气呵成的铁线描，而且也能看到拉堆壁画常常点缀在画面中的六瓣团花纹样，甚至还能找到很多与日吾且塔二层佛龛坛城壁画造型一致的佛陀彩虹背光[1]。

不过值得注意的是，白居寺壁画中的拉堆艺术风格元素与觉囊、江塔、日吾且所代表的拉堆艺术本身相比，有了十分明显的变化。变化的总趋势就是拉堆艺术质朴自然、稚拙自由的风格在白居寺壁画中逐步趋于圆润典雅，精美富丽。同乃宁画家笔下的白居寺壁画走向了融合的倾向。

乃宁、尼木画家笔下的白居寺壁画与拉孜、觉囊笔下的壁画相比，色彩更加富丽和谐，菩萨秀丽典雅，纹样繁缛华丽，给人一种清秀柔美的审美感受。白居

1 金维诺．藏传寺院壁画 [M]. 天津：天津人民美术出版社，1989：132-134.

寺大殿一层法王殿、二层道国殿和吉祥多门塔一层弥勒佛殿、二层文殊菩萨殿、四层格鲁祖师殿及五层西弥勒殿等壁画均出自乃宁和尼木画家之手[1]。

罗伯特·维塔利认为，夏鲁寺般若母殿回廊的这类型壁画在江孜白居寺达到了全盛阶段，发展成为一种生机勃勃、格调高雅、臻于成熟的艺术风格。不过，这种影响不是夏鲁寺直接影响的结果，而是通过乃宁画家的手笔展现出来。从白居寺壁画题记中记录的从业画家来看，乃宁地区已经形成了一支阵容强大的地方画家队伍和比较统一的画风。

（3）中原艺术的影响

据壁画题记和《江孜法王传》记载，吉祥多门塔一层忿怒明殿的壁画和二层观音殿中的汉式度母壁画就是根据内地艺术风格描绘的[2]。白居寺壁画中的中原艺术风格主要体现在部分人物造型和装饰纹样的表现上：四大天王人物造型的国字脸、倒八字眉、八字胡须和宝冠、甲胄都体现出汉族艺术人物面部和服饰描写的特点，尤其是持国天手中的琵琶，则是中原内地典型的乐器造型。四大天王的人物造型是从内地传入西藏的，它的出现最早可以追溯到建于吐蕃时期的大昭寺，据说大昭寺中的四大天王雕塑同汉族雕塑家在内地创作的造型完全一样。不仅如此，十六罗汉的造型也受到了中原艺术的影响，据藏文文献记载，后弘期著名佛学大师鲁梅·楚呈喜饶（约 10 世纪）访问内地时，带回了根据内地十六罗汉描绘的十八幅唐卡，其中还包括一幅释迦牟尼像和法护居士画像，在西藏广为传播。

装饰纹样的影响主要体现在宫殿建筑造型和山石的皴染方面。内地的重檐琉璃歇山顶宫殿建筑与藏式建筑的宫苑墙体、金顶、宝幢、法轮、双鹿合为一体。岩石和树木的刻画已出现了具有内地山水画特点的皴擦点染的特征。

海瑟·噶尔美在《早期汉藏艺术》中把西方各大博物馆收藏的明代金铜佛像和 1410 年北京版的《甘珠尔》插图同白居寺壁画之间进行了一番比较后认为，它们都是同一时期风格十分相近的同源作品。如白居寺壁画中大多数莲花为双重仰覆莲花造型。男性菩萨大都裸露上身躯干，穿着几乎一样的袈裟和佩戴着相同的珠宝饰物，面部造型大多为方脸，度母则为圆脸。由此说明了明廷的佛教艺术对西藏地方的藏传佛教艺术的创作产生了影响[3]。

1 金维诺．藏传寺院壁画 [M]. 天津：天津人民美术出版社，1989：91-102.

2 金维诺．藏传寺院壁画 [M]. 天津：天津人民美术出版社，1989：103-112.

3 参考：熊文彬．江孜壁画风格的渊源与形成 [J]. 中国藏学，1995（01）：44-58.

（4）尼泊尔风格及犍陀罗艺术的影响

白居寺大殿堂集会厅的喜怒神群和二层回廊的《释迦百行图》，三层坛城殿的《四部诸神坛城》，二层立体胜乐金刚殿的《古印度佛罗门教八十大成就者》壁画，万佛塔从底层护法神以及天王力士到最顶部的金刚持殿的十万佛的壁画，从构图到设色、构线、染色都达到了极致，壁画中的诸神动态潇洒自在，造像奇特、丰实，制作精细、华丽，达到了极为完美的境地。现可见的壁画很多都受到外地的影响，在佛本生故事中运用连环式的构图，它不受时间、空间的影响，集中在一个画面上，随着故事情节的需要而变化；近大远小的处理方法以及运用散呈透视衣纹的草衣出水式的画风中还可以看到内地国画的痕迹，同时从人物造型用直鼻梁和付面角的处理法中可看到尼泊尔风格的影响。

日喀则唐卡、壁画艺术在受到印度、尼泊尔和内地画风影响的同时，受犍陀罗[1]绘画艺术的影响也是非常明显的。在日喀则扎什伦布寺、萨迦寺、白居寺和夏鲁寺等寺庙所见到的佛、菩萨、飞天、佛母等造像，也会经常性地在壁画中反复出现，大梵天[2]、黑天、吉祥天女、湿婆[3]等造像，都受到犍陀罗乃至印度佛罗门教的影响。

2. 白居寺壁画的分类

环绕吉祥多门塔共有大大小小 76 间佛堂，据《江孜法王传》统计，从底层至塔幢各殿，分别按事部、行部、瑜伽部和无上瑜伽部等绘有诸佛菩萨画像 27 529 身。其中一层绘有 2 423 身；二层绘有 1 542 身；三层绘有 3 400 身；四层绘有 1 278 身；五层绘有 18 886 身；横斗绘有 321 身；十三法轮绘有 677 身；塔幢绘有 127 身。全塔绘塑诸佛菩萨画像近 3 万余身，不愧为 15 世纪西藏的万神殿。

不过，人们不禁要提出疑问，为什么仅有 3 万多尊佛像就敢称“十万佛塔”呢？其实仔细观察，在“吉祥多门塔”内除了壁画佛像和泥塑佛像外，到处都摆着一种被称为“擦擦”的巴掌大小的黄泥塑佛头像。因为不起眼，常常不为人所注意。这些“擦擦”大有来历，按藏族的传统习惯，许多人死后要进行天葬。 有一种说

1 犍陀罗：在今巴基斯坦白沙瓦一带，1 世纪，大月氏入主犍陀罗、迦湿弥罗今克什米尔及印度的秣菟罗等国，建立贵霜王国。国王迦腻色提倡佛教，犍陀罗的艺术家汲取古希腊、罗马艺术精华，形成一种新的艺术风格，即犍陀罗艺术。

2 大梵天：四个头，坐在莲花上。

3 湿婆：三眼、青劲、四臂，颈上缠蛇。

法是：在天葬过程中，全身所有部位都要被肢解、剁碎，喂兀鹫，唯独要保留头盖骨，进行火化，并将获得的骨灰与黄泥和好，用模具压制成“擦擦”，并由亲人送到寺院供奉，以求逝者在天堂仍然能够获得佛祖的保佑。“吉祥多门塔”已有500余年历史，广大佛教徒不断来此朝拜，在此累积的“擦擦”远远超过10万，那么将“吉祥多门塔”称为“十万佛塔”一点都不过分了[1]。

下文以第一至第三层为例，对白居寺壁画进行分析。白居寺各殿壁画的一般格局是：进入殿门后，面墙为塑像，其余三面皆为壁画。每墙中部为一至数幅较大的主供佛画像，四周皆充满丰富的小型造像，旁有藏文佛名。同一主供佛如度母或护法神，有许多化身。

笔者尝试从佛像壁画的内容分门别类摘取其中精品，去领略白居寺绘画艺术的殊胜华美。

（1）壁画群

白居寺最著名的壁画群是早期创作的措钦大殿二层围廊东、西、南侧墙的《释迦百行图》，壁画面积大约有50平方米，高1.5米，长30多米，是一种从左到右、从上到下叙事的长条形式壁画。壁画的整个构图形式疏朗、空灵，从上到下多利用内地画风的散点透视法，有一种恬静、悠远的意境，同时从壁画的各种楼阁、花鸟、草木以及青山绿水的草衣出水人文构法中可以看到古代内地画风对它的影响。而措钦大殿二层西侧胜乐金刚殿立体坛城殿的西、南、北侧的《八十个印度大成就者》的壁画群，可以让人在晕染效果和人物肤色的相对真实感中感悟接近现实的生活，描绘八思巴跟忽必烈会见场面的画面庄重又朴实，具有极高的艺术价值和历史价值。

（2）显宗佛像

以“我佛慈悲”为其传神要点，画中的佛陀在莲花和光环的映衬下稳坐莲台，神态慈祥，气韵十分生动，倾身俯视，给人以救苦救难的佛陀即将降临人间之感。从中心往上、下、左、右展开的构图是壁画和唐卡艺术中常见的中心构图法，即本尊佛像安排在中心，上方安排飞天、佛母等，底下安排护法神或者天王力士等。画面主次分明，如《三世佛像》《密宗三部怙主》《师供福田》等画面的中心突出，主次分明，稳定性极强。还有一种中心构图式用于以吉祥天母为中心或者各类怒

1 徐平，路芳．中国历史文化名城江孜［M］．北京：中国藏学出版社，2004：317．

神为主尊的画面中，中心神像动态优美且摆动的动作大，加上背景的火焰烟云和飘带，使得整个画面显得气势磅礴。画面正中的本尊吉祥天母或者金刚杵、六臂金刚、金刚威德等都配有塞林八饰，青面獠牙，非常突出，占画面的统治地位。上下左右的尺度正好将较小的眷属围成一圈，布置均衡。这类构图方式的壁画可在日喀则各类教派的寺庙看到。

① 绿度母[1]（图5-49）

该壁画位于白居塔第二层22号佛殿，此件作品达到了极致。画师的技艺精湛，造型的组合设计经过千锤百炼，是白居寺壁画的经典之作。绿度母美丽动人、静穆慈祥、优雅的情韵得到了最充分的表达。值得关注的是，主尊背后多出一个明代家具中才会有的高背椅的两角，如牛角状上翘。正像古希腊艺术的古典时期实现的美学高度一样，藏族美术和谐而理想化的古典精神在这里实现了！

图5-49 绿度母（二层22号佛殿）

② 持戒度菩萨（图5-50）

该壁画位于白居塔第三层38号佛殿，此尊菩萨是白居寺壁画中众多菩萨画像的精品之一。最突出的特点是面部神情把握得非常好，美丽安详又冷逸高洁。靠背有着中原明代木质家具的特征。

图5-50 持戒度菩萨（三层38号佛殿）

1 参考：于小冬．藏传佛教绘画史［M］．南京：凤凰出版传媒集团，2006：146-163．度母：藏传佛教中指佛母，也指女性佛或菩萨，共为二十一相，以颜色区分，有白度母、绿度母等。

图 5-51　忿怒变化相——三头六臂及牛头马面（六层 73 号佛殿）

图 5-52　布顿像（四层 57 号佛殿）、印度祖师（四层 61 号佛殿）、噶当祖师（四层 68 号佛殿）

（3）密宗佛像

第六、第七层为通往顶层的过道，建筑内部结构为回廊，四壁皆绘壁画，题材多为密宗内容，以“佛法无边”为其传神要点，画中的佛多为忿怒变化相（图 5-51）。

（4）传承师祖像

第四层壁画表现各派祖师像，布局工整。其中既有藏族高僧大德们的画像，也有印度高僧大德们的画像，它们因民族、教派、性格的不同而形态各异，特点分明。这类画像少有夸张，注重真实感（图 5-52）。

（5）护法神祇

这类画像一般狰狞威严，凶悍可怖，使人产生对佛法的崇敬。白居寺多处出现四大天王的形象（图 5-53）。白居寺的四大天王画像十分有代表性，已经完全看不到印度及尼泊尔的影响，而采用中原明代民间年画中的门神造型，着汉族武将的盔甲，面部特征亦如宋代泥塑与明代肖像，是具有汉地风采、个性明确的作品，可看做四大天王早期形象的代表。在后来的500年中，四大天王在寺院壁画中变得越来越重要。

图 5-53 泥塑四大天王（一层楼梯间）

（6）佛教坛城

第五层壁画数量不多，题材皆以坛城为主（图 5-54）。

图 5-54 坛城（五层 71 号佛殿）

（7）装饰图案

装饰图案多用于画像、书籍、壁画、柱饰、藻井、画梁雕栋等。图案勾画匀称、清淅，典雅庄重，呈方形、圆形或其他几何图形，有的绘以鱼虫草木、飞禽走兽、动物、花卉、梵文、法器图案（图 5-55）、吉祥如意图等。

图 5-55 火焰法器图案（六层 73 号佛殿）

3. 壁画的制作过程

2007 年 4 月笔者在布达拉宫采访施工维修时，适逢故宫博物院维修西印经院，其重点是保护和维修壁画。笔者在现场采访了壁画方面的专家，并仔细观看了工作人员如何保护剥落的壁画，又如何给颜色暗沉的壁画或已经掉落的部分用古法重新上色，并查阅相关资料，对壁画的制作过程大致总结如下。

（1）壁画颜色

壁画、唐卡艺术象征性深奥，装饰性很强，在整个绘画过程中特别讲究颜色的纯度和颜色的排列次序。在壁画和唐卡画中经常出现的纯原色，如黄、红、蓝、绿，习惯上多次重复地运用。纯色（原色）的大面积运用，使画面庄重、典雅，同时也表现了它们相应内含的象征意义，如黄色象征着和平、解脱、涅槃等之意，蓝色象征着威猛勇武之意，红色象征着权势统治世间之意，绿色象征着丰盛、富裕之意。各种颜色的运用综合形成了对宇宙万物的看法，说明着一种自然的规律。常见的各种图案中也普遍存在类似的象征意思，如《圣僧图》的中间表示智慧的宝剑象征文殊菩萨和赤松德赞，经函表示金刚手菩萨，中间的莲花象征着观世音菩萨和莲花生菩萨，双头黄鸭代表堪布希瓦措，双头鹤代表佛经译师等。还有常见的佛、菩萨造像背光的六灵捧座，由鹏鸟、鍊鱼、童子、大象、湿波罗、龙女组成，依次象征着智慧、禅定、静虑、用功和刻苦及忍耐、清规戒律、施舍等。再如日、月、荷花所构成的莲花宝座，象征着排除各种障碍、清高无上和世俗绝缘、超脱等含义。

日喀则画家在长期艺术实践的基础上，摸索和总结出了一套"明面由暗面表现，凸处由凹处体现"的浑染原则和色彩运用搭配的理论体系。壁画和唐卡的用色十分丰富，赤、橙、黄、绿、青、蓝、紫无所不有。浅蓝、红色、黄绿色、金色运用最多，构成壁画色彩中跃动的主旋律。和谐与对比构成了色彩运用和处理的一大特色，即利用色彩不同的冷暖属性和饱和度而产生的和谐与对比，使绘画形式和内容完美结合，从而达到较高的艺术和审美效果。诸佛、菩萨色彩的运用比较适度，注重色彩的夸张和强烈对比的分寸，通常给人一种宁静肃穆而祥和的色彩感受，表现出佛的五蕴皆空和菩萨的慈悲和悦。而明王、护法色彩的处理和运用则十分夸张，对比也非常强烈，强调对比色彩的使用。通常运用冷色来突出暖色，强调护法神、明王的力度和动势。尤其是背光中的红色，在卷草纹向上卷曲夸张的线描造型衬托下，犹如一簇簇向外喷射的熊熊烈焰，同不动明王圆睁的眼睛、挥动的臂膀和跃动的双脚相映成趣，强化了护法神具有的捍卫佛法、伏诛一切鬼魔应有的粗犷、刚烈和威猛的气度。

（2）颜料来源

各种绘画颜料都是分别配制的。其制作一般都经历颜料采集、粉碎、提纯、研磨到保存等几道工序（图 5-56~ 图 5-59）。颜料使用时必须进行调和，即将研好的粉末放入一个耐火的陶碗或玻璃碗内，在碗内倒入少许被水稀释的胶水，再把碗放至火上加热，并用棍子不断搅拌碗里的混合液。虽然名种绘画颜料的制作工艺有相似之处，但是由于原料种类很多，成分也大不相同，有的是不透明的矿物颜料，有的是稍透明的植物颜料，有的含杂色，有的含盐，所以具体到某种颜色、

图 5-56　矿石打碎后再石臼里湿磨

图 5-57　颜色不同，研磨的方法和所加的配料也不同

图 5-58　磨制好后用纱布滤净，等待晾干

图 5-59　磨制好的颜料

材质的颜料，其制作过程也相应地有不同的要求。

传统绘画颜料之所以具有那么多优点，主要在于颜料原料的选择上。用现代颜料工业的词汇来描述作为颜料原料的矿物、植物的性质，就是必须具有纯正饱和艳丽的色泽、稳定的化学性质，既不易氧化变色，也不易发生光化学反应而褪色。然而在科技不够发达的古代西藏，所选的颜料无一例外都具有这种特性，藏族先民的聪明才智不能不让人佩服。

在日喀则传统颜料的制作工艺中，不同颜色颜料有不同的制作流程。

黄色。主要原材料为石黄与雄黄，属于矿物颜料。它的加工方法是首先将石黄在平滑的石槽内干磨成干粉，然后在石臼内湿磨三至四天左右即可。印度河流域产的自然黄丹是极其难得的矿物颜料。铝质表面寄生的黄丹的加工方法，是在热水中浸泡后用纱布进行过滤而得。黄色颜料对其纯度要求较高，若有咸味的话，颜料将会变黑，所以需用清水反复冲刷，直至消除咸味，才能成为质地优良的颜料（图 5-60）。

图 5-60　产自康区的石黄或雄黄

红色。大红，日喀则地区出产一种颜色相对较深的大红叫“藏采”，其加工方法为把该种矿石磨为粉，然后在石臼内湿磨五天左右即可。朱砂红，是一种用硫黄与水银反应而得到的大红色颜料。胭脂色，原料产于察隅地区的一种黄色树皮内，其加工方法是把树皮砸碎与许康草一起用纱布包裹，在罐中加水煎熬，把脂色熬出来，再把胭脂水一点一点慢慢倒入瓷碗内，用微火使水分蒸发，最后成为黏状时捏成丸粒保存。

紫红色。原料来自于树枝上的球状昆虫所产生的一种紫红色树脂（类似松香）。把采集来的树脂破碎成麦粒大小的颗粒，然后和香椹树叶放在一起煮沸。在制取紫红颜料的工艺中，香椹树叶和光的控制是至关重要的，人们常说紫红颜料的紫红得之于香椹树叶，假如没有香椹叶，树脂就如同清水一般，而且光照不能太强，否则制取的颜料光泽不好。

蓝色。藏青、石绿色产于尼木县和甲绒地区，这两种颜色源于一种矿物质，经过加工后才分离成两种颜色。其制作方法是首先将矿石砸碎后用石磨磨成粉，然后放进陶罐中滴一滴植物油并加上适量的水熬煎，而后浮在上面的是松耳石绿色，沉在底下的是藏青颜料，小心分开两种颜料留存。在石臼内湿磨五至六天后，在水中自然沉淀出的最上面的一层为淡青，二层为三青，三层为二青，最底层为头青。绿色也可以用同样的方法，但沉淀后一层为三绿，二层为二绿，底层为头绿。这类颜料永不变色。花青色产于察隅地区，由一种叫“欧然”的草加工而成，把此草采集下来在阴凉处晾干保存，当需要时，用适量水浸泡后即可使用（图 5–61）。

图 5-61　产自尼木或甲绒的藏青

白色。日喀则地区仁布县有一种“仁布白粉”，加工方法同样是把白色矿石磨成粉，然后在臼内湿磨七天左右就可以使用了。

黑色。制作墨黑的原料是采集的油灯渣子或活青油松的皮。其制作程序是在火炉上垒封五六个无底陶罐，然后在炉内燃烧油松皮。除了最底层的陶罐外，将上面几个陶罐内的烟尘刮在铁罐内加清胶水，放在火上加温后适力细磨，当发出渣渣声时即达到标准。

冷金色。冷金黄色的制作方法是把精炼的黄金碾成纸一样薄的金片，然后切成像丝一样细的金丝，再把一些碾好的石粉、玻璃粉与切好的金丝混合，用圆石研磨这种混合物，并向其中一点一点地加水，直到玻璃、石粉与金粉的混合物均匀地调和成如同稀泥样的稠液时为止。最后用水把混合液中的石粉和琉璃粉冲刷出来，只剩下含有金粉的溶液。这些被流水冲掉了杂物的金粉就是“冷金粉”，用它来作金色颜料。

辅助材料——硬漆。漆一般刷在绘好的壁画表面，起保护和增亮作用。硬漆有两种，一种是用胡麻粹制成，另一种用七寸子（一种植物根）制成。制第一种硬漆时，先把胡麻籽用水揉成一团，然后晾干，磨成细粉， 把细粉放入圆形木盘里掺上温水揉一遍，挤压木盘内胡麻粉团把油挤出来，倒入一个铜制或铁制的容器内置于微火上加热三天。加热第一天后放入一点白芸香、一种芳香的树脂和一点黄丹，胡麻硬漆的调配过程就完成了。调配胡麻硬漆时，也可用紫芸香、白盐（白硼灰）和田台石（一种粉红石头）来代替白芸香和黄丹。七寸子硬漆的调配与胡麻硬漆的调配方法大致相同，不同之处是七寸子硬漆调配时先把七寸子块根捣碎，然后用热水揉，再用调配胡麻硬漆的调配方法榨油。

辅助材料——胶。胶用于颜料的调制，使颜料具有黏着力。其中用于调色的胶叫“神胶”，一般粘贴用的胶叫“嘴胶”。制“神胶”用的皮革一定要彻底清理干净，上面不留油污、尘土和残毛。而木匠用的粗胶用任何皮革都可以熬制，也没有必要把皮革弄得那么干净。制作“神胶”和“嘴胶”的做法是，把皮革投入容器内用火熬至黏稠状然后冷却。冷却后切割成大的胶块贮放于阴凉干燥处，要用时再加水重新熬开。皮革熬制的胶不能作敷料抹在画画用的纸张或画布上，否则容易滋生真菌或招致虫害。作画布底敷料的胶是从药用植物中提炼的，藏语称之为“旺保拉巴”，制取方法与上述基本相同。

（3）壁面处理

墙体砌好后，用阿嘎土抹平；待干后，用黄土和粗砂加少量麦草（防裂缝）和少量细木炭（防虫蛀和变质）拌泥抹墙；待全干后，再用较细的阿嘎土和砂子拌泥抹墙；用石英石打磨到墙面发出亮光为止。

（4）绘画过程

① 在绘制壁画之前，首先要把作画的墙面准备好；在墙上刷一层淡红色的胶水，即在先熬好较稀的牛胶中掺入少许藏语称为“江笛” 的红色颜料，将这种偏红色的胶水用鬃刷刷到要作画的墙面上；之后再将一种叫“萨昂巴”的颜料兑入熬好的牛胶内，拌和成糊状，刷到墙面上；最后，根据刷好墙壁的高低宽窄按比例留出作画的位置，画好壁画的四面边框。

② 加布热，即构草图。用炭条或铅笔先勾出主要人物，依次勾出与主要人物相联系的陪衬人物以及云雾山水、亭台楼阁、飞禽走兽、花草树木。在勾画人物时，要严格依据造像量度经的要求掌握人体各部位的比例。这道工序大都由经验丰富的老画师完成。作画之前，先根据墙壁的高低宽窄按比例留出作画的位置，画好壁画的四面边框。

③ 介，就是勾墨线。用毛笔在草图上根据已确定的炭笔或铅笔线条来勒墨线。这些墨线，为壁画的定稿。

④ 存，就是在线描的基础上敷颜色。敷色的顺序是第一步染天空，多用蓝色，由浅及深，下浅上深。第二步染地，多用绿色。第三步染云雾，主佛像的头上为云，脚下为雾。云雾多在白色以上用浅蓝或粉绿色沿着云雾纹线由深及浅地晕染开去。第四步染主佛像头和背后的佛光。头光圈即华光， 藏语叫“乌宇”，其色彩内圈多用石青或橘红色，外圈多用金粉铺，有的还用立体的沥粉线做出花纹。第五步染人物衣服的深色部分和其他景物的深色部分。第六步染人体的肉色和其他浅色部分。着色有干湿两种画法， 干画法色彩浑厚沉着，湿画法清新明快，各具其妙，要视画面和造型需要而定。

⑤ 当，是对画面的色彩团块进一步渲染加工的意思。如对天、地、华光、花瓣等较深的相近色，用水分进行点垛、皴擦、晕染处理，对人体袒露的部分，则用橘黄调以少许曙红色晕染出肌肉、骨骼的结构和明暗变化。这样处理，丰富了画面的色彩层次，加强了艺术效果。

⑥ 介，这一次的“介”，是用彩色线条勾勒轮廓线和衣纹。经过“存”“当”两步后，原勾墨线轮廓、衣纹等有些部分已被颜色罩压，要用深红或深蓝色沿着原墨线重提一道。凡属敷暖色的地方，用深红色勾复线；敷冷色的地方，则用深蓝色勾复线，以达到线描与色块和谐统一。

⑦ 赛热，意思是上金。金银粉的运用，是西藏壁画特别是西藏晚期壁画不可

缺少的一部分。某些部位经金银粉一提，整铺壁画便显得雍容华贵、富丽堂皇。描金的部位多为佛像的头饰、璎珞、衣纹、服装上的花样、背光的光华、供物法器、建筑金顶及山石脉络、圣树装饰和叶筋勾勒等等。

越是重要的殿堂和越是讲究的壁画，用的金银也就越多。有的壁画还要用沥粉堆金的立体线条。方法是将调胶的石膏糊装入带细嘴的皮囊，借着原勾好的墨线轻轻挤出石膏糊，即成为浑圆的立体线条，待干后染上金粉或银粉（图 5-62）。

图 5-62　匠人正在给壁画赛热

⑧ 坚契，即开眉眼的意思。这是绘制壁画的重要步骤，因为人物传神主要靠面部特别是眉眼的刻画，画好了就能生动感人，否则会平板乏味。五官的画法因人而异，大体可归纳为以下三种。

佛与菩萨：总的要求要画得端庄慈祥，眉的画法是平和舒缓，先用蓝色勾底，再用墨线勾成新月形。眼睛的画法是上眼边画成弓形，下眼边微上成弧形，藏语称为“虚”，眼神稍向下视。上眼边用墨线勾，下眼边用曙红色勾。眼白铺白粉色，两眼角染红色。眼球中心填蓝色，边缘用墨线勾，瞳孔点墨团。鼻子的画法较为平常。嘴巴微闭，嘴角上翘，嘴唇漆红，唇缝用曙红色勾线。

度母：眼睛的画法呈鱼状，这种眼形藏语称为“乃坚”。眉毛、鼻子、嘴巴画法及着色方法，均与佛像画法相同。

护法神：各类护法神的表情起伏大，有的横眉立目，有的粗野凶狠，有的杀气腾腾，给人一种恶煞恐怖的感觉，故五官的画法有较大的夸张变化。眉毛短粗而上翘，多在青蓝色、紫红色面孔上以橘黄色来勾画，有若熊熊燃烧的火焰。眼睛的上眼边呈弓形，用墨线勾，下眼边呈椭圆形，用曙红色勾线。整个眼睛为卵形，大而膛出。眼白着白粉色，眼角先用肉色染，再用曙红色略加橘黄色来晕染。眼球用土黄色填，眼球边缘以墨线勾出，瞳孔点墨团。内眉际紧锁，外眼角旁还用红色勾二三条线，以烘托瞪圆的双目。鼻子画成上耸的“朝天鼻”，鼻孔暴露。

以曙红调橘黄色晕染，再用曙红线勾出鼻子轮廓与鼻孔。鼻子颜色随护法神的脸色不同而变化。嘴的画法有三种：一为紧闭，牙咬下唇，呈怒状；二为微张，呈恐吓状；三为大张，虎牙逞威，舌尖弯卷，口若血盆，呈激愤难扼状。

以上几种画法是最基本的，各绘画流派之间在处理手法上亦有一些差别。

⑨ 赛觉，是用一种特制的笔将画面上用金和银的部位抹平打光。藏语“赛”是琥珀之意。用琉做笔头，形状大小如一颗子弹头，用白铜皮或银皮固定在骨制的笔杆上，这种笔藏语叫“帕巴拉赛宝”。用这种珍贵的硬笔将用金用银处抹平打光后，标志着整个绘画工序的完成。

⑩ 为保护壁画，最后还要在完成的壁画上刷胶和清漆。先用牛胶熬成较稀的胶水，用软毛刷轻轻刷到壁画上，待干，然后再刷一层清漆，整个制作过程就结束了。

参考文献

专著

[1] 恰白·次旦平措，诺章·吴坚，平措次仁. 西藏通史简编 [M]. 北京：五洲传播出版社，2000.

[2] 巴俄·祖拉陈瓦 . 贤者喜宴 [M]. 黄颢，译. 北京：中国社会科学出版社，1989.

[3] 达仓宗巴·班觉桑布 . 汉藏史集 [M]. 第 3 版 . 陈庆英，译. 拉萨：西藏人民出版社，1999.

[4] 班钦索·南查巴 . 新红史 [M]. 黄颢，译. 拉萨：西藏人民出版社，1984.

[5] 阿旺·洛桑嘉措 . 西藏王臣记 [M]. 刘立千，译. 北京：民族出版社，2000.

[6] 次旦扎西，等. 西藏地方古代史 [M]. 拉萨：西藏人民出版社，2004.

[7] 刘致平. 中国居住建筑简史——城市、住宅、园林 [M]. 北京：中国建筑工业出版社，2000.

[8] 鲁保罗 . 西域的历史与文明 [M]. 耿昇，译. 乌鲁木齐：新疆人民出版社，2006.

[9] 王森 . 西藏佛教发展史略 [M]. 北京：中国社会科学出版社，1997.

[10] 宿白. 藏传佛教寺院考古 [M]. 北京：文物出版社 ,1996.

[11] 柴焕波. 西藏艺术考古［M］. 北京：中国藏学出版社，2002.

[12] 汪永平. 拉萨建筑文化遗产［M］. 南京：东南大学出版社，2005.

[13] 谢斌. 西藏夏鲁寺建筑及壁画艺术［M］. 北京：民族出版社，2005.

[14] 西藏自治区文物局 . 西藏自治区志——文物志［M］. 北京：中国藏学出版社，2001.

[15] 根秋登子，次勒降泽. 藏式佛塔 [M]. 北京：民族出版社，2007.

[16] 金维诺. 藏传寺院壁画 [M]. 天津：天津人民美术出版社，1989.

[17] 海瑟·噶尔美 . 早期汉藏艺术 [M]. 熊文彬，译. 石家庄：河北教育出版社，2001.

[18] 于小冬. 藏传佛教绘画史 [M]. 南京：凤凰出版传媒集团 ,2006.

[19] 大卫·杰克逊 . 西藏绘画史［M］. 向红笳，谢继胜，熊文斌，译. 拉萨：西藏人民出版社，2001.

[20] 乃藏. 藏传佛画度量经［M］. 西宁：青海人民出版社，1992.

[21] 徐宗威. 西藏传统建筑导则［M］. 北京：中国建筑工业出版社，2004.

[22] 阿旺格桑. 藏族装饰图案艺术［M］. 拉萨：西藏人民出版社，1999.

[23] 罗哲文．中国古塔［M］．北京：中国青年出版社，1985．

[24] 张鹰，边多．西藏民间艺术丛书——建筑装饰［M］．重庆：重庆出版社，2001．

[25] 楼庆西．中国建筑的门文化［M］．郑州：河南科学技术出版社，2001．

[26] 于乃昌．西藏审美文化［M］．拉萨：西藏人民出版社，1999．

[27] 张世文．藏传佛教寺院艺术［M］．拉萨：西藏人民出版社，2003：12．

[28] 刘敦桢．中国古代建筑史［M］．第 2 版．北京：中国建筑工业出版社，2002．

[29] 侯幼斌，李婉贞．中国古代建筑历史图说［M］．北京：中国建筑工业出版社，2002．

[30] 潘谷西，何建中．《营造法式》解读［M］．南京：东南大学出版社，2006．

[31]（挪威）诺伯格·舒尔茨．存在·空间·建筑［M］．北京：中国建筑工业出版社，1990．

[32]（日）芦原义信．外部空间设计［M］．上海：同济大学出版社，1985．

[33] 彭一刚．建筑空间组合论［M］．北京：中国建筑工业出版社，2001．

[34] 徐平，路芳．中国历史文化名城江孜［M］．北京：中国藏学出版社，2004．

[35] 魏青．江孜宗堡建筑初探 [M]．北京：清华大学出版社，2003．

文章

[1] 赵睿．江孜白居寺研究综述 [J]．中国藏学，1998（03）．

[2] 陈刚．浅谈江孜在西藏历史上的地位 [J]．西藏民族学院学报，1999，79（03）：46-48．

[3] 王斌．西藏宗山建筑研究 [D]．南京：南京工业大学，2006．

[4] 阿旺．西藏佛教的基本特点及其主要影响 [A]// 藏学学术讨论会论文集．拉萨：西藏人民出版社，1984：325-344．

[5] 索南才让．论西藏佛塔的起源及其结构和类型 [J]．西藏研究，2003（02）：82-88．

[6] 熊文斌．白居寺壁画风格的渊源与形成 [J]．中国藏学，1995（01）．

[7] 木吉坚赞．藏式建筑外墙色彩与构造 [J]．建筑学报，1987（11）68-73．

[8] 于水山．西藏建筑及装饰的发展概说 [J]．建筑学报，1998（06）47-52．

[9] 郑权泽．拉萨地区宗教建筑装饰与色彩及其应用 [D]．重庆：重庆大学，2003．

[10] 吴庆洲．藏传佛塔与建筑装饰［J］．中国建筑，2003（08）．

附录 1 白居寺建筑纪年表

时间	相关历史人物	相关建筑活动
1418 年（永乐十六年）6 月 2 日	江孜法王：饶丹衮桑帕（有译为热丹贡桑帕）	饶丹衮桑帕 30 岁时，去萨迦，接受明廷封赠。同年 6 月，为班廓德庆（白居寺）经堂奠基，开始兴建
1418—1420 年		白居寺措钦大殿一层和二层回廊建筑主体完成，并于 1420 年扩建，即在东西两侧增建法王殿（即左佛堂）和金刚界殿（即右佛堂）
1421 年 3 月 8 日	雕塑家本莫且加布	殿内主尊释迦牟尼塑像立塑完成。因此，殿内壁画和造像的时间不晚于 1420 年
1420—1422 年		一层东配殿——法王殿建成
1420—1423 年		一层西配殿——金刚界殿建成
1424 年		二层东面罗汉殿，说话度母殿，南面的罗汉殿落成
1424—1425 年		二层西面萨迦派殿堂——道果殿竣工；后列两拉康，左者觉夏勒拉康，右者强巴夏勒拉康完工
1425 年		三层的密宗佛殿——夏耶拉康竣工
1425 年	饶丹衮桑帕	为贝考德钦寺修建了大围墙、展佛台
1427—1436 年	饶丹衮桑帕	江孜法王 39 岁的羊年，为十万佛像吉祥多门塔奠基，在这期间编写十万佛像及第二幅缎制大佛像的目录、噶丹静修地创建记。塔历经 10 年完成
15 世纪	一世班禅克珠杰规划	寺中早期的扎仓如洛布康扎仓（位于吉祥多门塔西北）、仁定扎仓（位寺最北部，靠近围墙，依山坡兴建）、古巴扎仓（位吉祥多门塔与措钦大殿之南）等扎仓基本形成
17 世纪		新建玛尼拉康、甘登拉康两处小佛殿
1984 年		随着江孜新街的形成，改变并重新修建了现在的寺门，正对大街

附录 2　江孜县重点民居建筑一览表

序号	名称	性质	建筑年代	规模	现状	备注
1	拉则居委会拉则村 22 号北建筑	官员（贵族）住宅	始建约 120 年前	建筑面积约 3 000 平方米	居住有 10 户，基本为原貌，保存良好	原为代本住宅，1956 年被改为粮仓，现为 10 户人家合居
2	加日交居委会冲宁林 58 号	普通住宅，第一代主人为商人	建于约 120年前，现为第三次重修	建筑面积约 800 平方米	12 年前重修，建筑布局维持原貌，外观基本传统，内部较现代	该住户已在此居住七代，1904 年英军拍摄宗堡照片即在该建筑屋顶
3	江罗康萨居委会冲嘎青姆林 60 号	普通住宅	建于约 80 年前	建筑面积约 300 平方米	居住有 5 户，原貌，危旧	
4	江罗康萨居委会冲嘎青姆林 52 号	普通住宅	建于约 80 年前	建筑面积约 200 平方米	居住有 4 户，原貌，危旧	
5	江罗康萨居委会冲嘎青姆林 64 号	普通住宅	建于约 80 年前	建筑面积约 300 平方米	使用，原貌，危旧	
6	江罗康萨居委会冲嘎青姆林 1 号	普通住宅，第一代主人为商人	建于约 80 年前	旧建筑面积约 200 平方米	沿街面改造为新式门面，后院主任，原貌，危旧	
7	邦加孔居委会冲热林 193 号	普通住宅	建于约 50 年前	建筑面积约 200 平方米	住人，原貌，保存良好	
8	邦加孔居委会冲热林 139 号	普通住宅，第一代主人为官员	建于约 60 年前	建筑面积约 200 平方米	住人，原貌，保存良好	
9	邦加孔居委会冲热林 90 号	普通住宅	建于约 50 年前	建筑面积约 200 平方米	住人，原貌，保存良好	
10	邦加孔居委会冲热林 61 号	普通住宅	建于约 80 年前	建筑面积约 600 平方米	住人，原貌，保存良好	
11	彭却曲美居委会贡珠林 51 号	贵族住宅	建于约 80 年前	建筑面积约 600 平方米	住人，原貌，危旧	
12	彭却曲美居委会贡珠林 52 号	贵族住宅	建于约 50 年前	建筑面积约 500 平方米	居住 11 户，原貌，危旧	
13	米日居委会米日贵林 35 号	普通住宅，第一代主人为官员	建于约 200 年前	建筑面积约 400 平方米	居住 4 户，部分加盖，但仍为传统样式	
14	米日居委会米日贵林 21、22 号	普通住宅，第一代主人为商人	建于约 100 年前	建筑面积约 400 平方米	住人，原貌，保存良好	

续表

序号	名称	性质	建筑年代	规模	现状	备注
15	江罗康萨居委会会错康林 60 号	普通住宅	建于约 50 年前	建筑面积约 350 平方米	住人，原貌，保存良好	建筑与沿街其他建筑连为一体，有骑楼
16	岗多居委会岗多林 217 号	普通住宅	建于约 80 年前	建筑面积约 350 平方米	住人，原貌，保存一般	
17	岗多居委会平措塔林 20 号	普通住宅，第一代主人为官员	建于约 100 年前	建筑面积约 350 平方米	住人，局部翻新，保存良好	
18	岗多居委会平措塔林 75 号	普通住宅	建于约 50 年前	建筑面积约 250 平方米	住人，原貌，保存一般	
19	岗多居委会平措塔林 210 号	普通住宅	建于约 50 年前	建筑面积约 300 平方米	住人，原貌，保存一般	
20	岗多居委会平措塔林 48 号	贵族住宅	建于约 60 年前	建筑面积约 300 平方米	居住 14 户，原貌，危旧	
21	岗多居委会平措塔林 123—125 号	普通住宅	建于约 60 年前	建筑面积约 300 平方米	居住 5 户，原貌，保存一般	

附录 3　《西藏文物志》中白居寺和白居塔摘录

1. 白居寺

位于西藏日喀则地区江孜县城，是西藏自治区重点文物单位。寺庙全称白古曲德寺，是“吉祥轮上乐金刚鲁希巴城仪轨大区香水海寺”的意思。关于白居寺的有关史料，散见于一些藏文古籍中，据《汉藏史集》记载，白居寺建于 1418 年，由江孜法王饶丹衮桑帕主持修建。根据寺藏典籍《娘地佛教源流》等史书考证饶丹衮桑帕受明王朝册封的时间为 1418 年。白居寺的整体建筑位于江孜宗山背后，江孜县城的西北端，东、西、北三面环山，西距年楚河约 0.5 公里。白居寺民间称“班廓曲颠”，意为流水漩涡处的塔河上修建眼桥，可见当时的年楚河是从宗山下流过的。根据这些记载，以及对现在古河道分析，可以判断当初的白居寺应是紧靠河流的。

整个建筑除主殿措钦大殿与白居塔外，其余建筑都依山而建。现在的白居寺除措钦大殿、白居塔、仁定扎仓、甘登拉康、玛尼拉康外，其余建筑皆已坍毁或废弃后改做僧舍、仓库。

（1）措钦大殿（即大经堂）

措钦大殿是白居寺的主要建筑。《汉藏史集》记载大殿的情形是：“它的佛堂有 8 根穿眼的形式特别的大柱子，有三解脱门，围廊有 48 根柱子的面积，整个佛堂有 150 根柱子的面积，外面突出有 12 道大棱，高两层，并有女墙装饰四周。”这些描述基本与我们调查的情况相吻合。整个建筑共分三层，底层即为经堂部分，通过殿门是前室，前室右为两殿及护法殿。穿过前室即为经堂，殿中有堂柱 48 根，中有高达 10 余米的柱子支撑棚房，形成天井。经堂之东为东净土殿，西为西净土殿。东净土殿进深三间，西净土殿建筑与东净土殿相同，经堂后部是后殿，共 8 根柱子，供三世佛大铜造像。

从经堂的前室，西殿的楼梯上大殿的二层，二层中间是大经堂的天井部分，南部为一排库房，库房之前是寺庙办公之处，称为拉基大殿，是召开全寺最高会议——拉基会议的地方。在二层中部偏后处，有二小殿，左侧为小经堂，右侧为一层弥勒佛像的上部。二层东侧是郎斋夏殿，建筑形式与底层净土殿相同，两侧是登觉殿，建筑与东侧相同，在东南隅一小殿为弥勒殿。

大殿的三层只有一个殿堂，位于建筑的后部，称夏耶拉康，因壁画皆绘坛城，故又称坛城殿。《汉藏史集》中称无量宫。殿的外围为廊。

措钦大殿是一座典型的藏式建筑，材料上皆以土石为主。由于抗拉强度差，墙一般都较厚，有的地方厚达 2 米多。结构上皆为平顶，与当地气候雨水较少有关。二层有转经廊围绕四周。在内部建筑结构上广泛采用木结构，如斗栱等，从建筑外形看，它的东西南北突出的 12 条大棱正好形成 8 个建筑单位，在外形上构成一个坛城的图案。坛城是重要的密宗图像，是佛家理想世界的象征。据考，在寺庙最早的壁画中也只有坛城壁画，这种对于坛城的重视，与当时普遍重视密宗有关。

（2）白居塔

白居塔位于措钦大殿右侧，根据史料分析，应在殿建成之后的 1425 年或 1427 年开始修造，历时 10 年。

白居塔规模宏大，总高度 42.4 米，塔基占地直径 62 米。全塔共 108 个吉祥门，76 间龛地。

杜齐曾将西藏的佛塔分成三类，第一类是菩提塔，第二类是天降塔，第三类是门塔。他认为这三类塔中，门塔是最常见而且最有意义的，白居塔正属于门塔一类。

（3）大围墙及其他建筑

大围墙：据《汉藏史集》记载，大围墙修建于 1425 年，“每一边长二百八十步弓，围墙上建有十座角楼作为装饰，开有六个大门，并在墙处种上树木。”经过实地勘查，围墙全长为 1 140 米，皆用黄土夯筑，有的部分的外侧用岩石嵌砌，围墙宽度 2 ~ 4 米，高 3 米左右。现存有 13 个角楼的遗迹，原围墙的门位置已不清楚，角楼多为长方形。北部山顶上有 2 个角楼，其北侧用岩块砌成半圆形厚墙，十分坚固。东北部角楼内侧有一用岩石砌成的长约 30 米、宽约 10 米的巨大石屏，为晒佛台。据（汉藏订）的说法，晒佛的传统为白居寺首创，时间在法王饶丹衮桑帕时期。寺院大门开在南墙上，右侧是原来的寺门，随着 1984 年江孜新街的形成，便重新修了现在的新寺门。大围墙从总的情况看为当时的建筑。

（4）仁定扎仓

仁定扎仓是原来 17 个扎仓中规模较大的一个，现在保存情况良好。此扎仓位于寺庙最北部紧靠围墙的地方，原先为噶当派所属。建筑依山而建，有上、下二层，下层为地下室，上层有贡觉殿、斋康、护法殿、集会堂等，其余部分皆为僧舍或库房。扎仓内已不见有早期的遗物，殿内壁画是新绘的，水平低劣，亦不见有重要塑像。门饰比较精致，属于早期的遗留。

（5）古巴扎仓

古巴扎仓位于白居塔与措钦大殿之南，门向偏东，原为萨迦派扎仓。建筑分为左、右两部分，左侧部分为僧舍，右侧的一层为大殿，二层为僧舍。大殿内有14根柱子，大殿壁画保存较好，一部分应是早期遗留，大部分为后期重绘。

在左侧建筑二层的东南面，有一角窗，在建筑上很有意义。西藏的寺庙建筑多注重象征，而不注重实用，一般建筑和窗户都比较狭小，但这一角窗大胆打破了平常的习惯，纯粹从实用出发而采用大面积采光和非对称形，这在西藏建筑中是极少见的。

（6）甘登拉康与玛尼拉康

两个拉康分别位于白居塔的左、右两侧，属于早期建筑。甘登拉康大殿内有6根柱子，主供宗喀巴。玛尼拉康的殿仙是一巨大的转经筒，两个拉康的壁画都是后期的作品。

1996年，白居寺被列为全国重点文物保护单位。

2. 白居塔

白居塔规模宏大，总高度42.4米，塔基占地直径62米。全塔共108个吉祥门，76间龛地（其中一层10间；二层16间，另有4间是一层塑像的上部；三层20间；四层12间；五层塔肚4间；六、七、八九层不分间）。全塔共9层，塔肚以下共5层。一层下为塔基，设有龛室。一、二、三、四层各分成数量不一龛室，外形上呈四面十二角。第五层为覆盆状塔肚，塔肚上第六层呈四方形，内不分间，七层为十三天部分，第九层为塔顶伞状部分。九层以上即为金幛部分。

各层之间皆有石砌围廊，并绘以彩色装饰图案，在各层东、西、南、北四个主要门框两侧与上部都有门饰等。仰观全塔，给人以气势宏伟、色彩绚丽之感。

在建筑构造上也极为科学，塔心为实心，每一层围廊构成环绕的转经路线，毗连的各神龛之间互相独立，由下而上，龛室面积逐渐变小，最终可直抵塔顶。

各龛室内部都有塑像与壁画，其中一、二、三层是佛菩萨像，四层为各派祖师像。全塔主要以土、石材料为主，细节上也有木结构，尤其在塔肚以上部分，如塔肚处有些采用了斗栱。

佛塔体现了西藏的建筑风格，是西藏神圣建筑的典范之一，它与曼陀罗法身一样是具有灵魂的，它又是一种宇宙的象征物。据佛经上说此塔集中了8类佛塔，代表佛陀一生的8个不同阶段或8个不同的精神意境。杜齐《西藏考古》一书认为，这八类塔分别是：（1）扎西古玛——表示多山之意；（2）因独来却地——表示和睦之意；（3）将纠却地——表示良心；（4）囊母加却地——表示长寿；（5）屯都洛却地——表示和平；（6）娘狄却地——表示死后升天；（7）哈巴却地——表示神降临的阶梯。另一个说法不详。塔肚之下五层建筑构成4个阶梯，它象征着佛教徒心灵发展的4个阶段。

3. 白居塔壁画

在白居寺的宗教艺术中，壁画是一个重要的内容。西藏壁画艺术习惯上分为三个流派，日喀则地区江孜县白居寺白居塔的壁画则为流行于江孜、日喀则一带的堪日派代表作。白居寺除了塔基外，从一至九层皆有壁画。其中第八层的小殿与第九层的塔顶伞状部分的壁画为后期新绘上去的，风格与水平与其他壁画有很大区别。以一至三层为例，小间佛龛的壁画的一般格局是：进入壁门后，其中一面墙为塑像，三面皆为壁画，壁画一般从50厘米高度起直到顶部。画幅下沿用梵文作花边，顶部以连续花纹为边沿，每墙中部为一至数幅较大的主供佛画像，四周皆充满着丰富的小型造像，旁边有藏文佛名。同一主供佛，如度母或护法神，有许多变化姿态。总体来说，大的画像比较程式化，小的画像则不拘一格，如许多表现舞蹈的小型造像，舞姿极为生动。此外，像花卉、树木、动物、山石等装饰图案皆不用写实，而用平涂，装饰性很强。人物造型都比较丰腴，度母像皆细腰、乳房丰满，与塔内印度风格的雕塑极为相似。

（1）白居塔第三层度母壁画

度母画像高约0.8米，宽约0.6米，度母作半佛座，一手执花朵，一手执金刚铃，骑一金翅大鹏鸟，上裸，肩上有一披帛，背景上各种花卉。度母表情端庄，体态优美，这一题材的壁画具有较高的艺术魅力。白居塔壁画在色彩方面多用原色，红地黑红或蓝地黑线，人物填以浅红、浅绿、紫等色，佛像背光多用深紫、蓝或青色。众多的坊法殿都竭力刻画恐怖气氛，与妩媚娴静的度母像形象形成明显对比。白居塔壁画的保存情况较好，但也有多处是后期修补的，艺术水平明显低于旧作，而且多用原作所不见的黄、白、深红、大红诸色，人物形象主要是印度风格的，但在某些局部也出现汉装人物。

（2）白居寺措钦大殿二层围廊壁画

措钦大殿二层围廊壁画从保存情况看，显然是早期作品，题材属于佛或其他高僧的传记故事一类。壁画的风格与白居塔壁画明显不同，从风格上看，具有很浓郁的汉地艺术色彩。壁画构图上比较疏朗，比其他壁画更显空灵，画面生活气息浓厚，充满了一种恬静、悠远、深邃的意境。壁画中的楼阁、花卉、树木、山岩、流水，人物衣着，皆如汉地绘画风格。人物多为男性，皆着汉装，不见印度风格壁画中女性形象较多以及裸露的身体或夸张的动作等特征。莲花、荷花等皆不用平涂，而富有水墨画的晕染效果。人物线条皆流畅娴熟，色彩为绿、蓝地红线或黑线。人物设色，佛像肤色多用浅黄色或白色。人物平涂为主，佛像衣着色彩丰富，计有红、蓝、绿、黄、白诸色。画面每一片段皆有藏文说明。二层围廊壁画局部反映的是一位王子降生的场面。画面右侧是一国王模样的人，左侧一妇人抱一婴儿从内室出来，婴儿上方云层上有一人物，可能是象征婴儿成年后的情况。中图有七个人物，情态各异，有的似乎向国王道喜，有的双手合十，似乎在为王子祈祷。这一场面的背景，是典型的汉式楼宇与廊道，周围饰以林木、果实与云彩，具有浓厚的汉风格。

（3）白居寺措钦大殿二层登觉殿壁画

白居寺二层登觉殿为萨迦派殿堂，四壁皆有壁画。其中南壁绘像，与其他之壁作风不同，从风格与色彩看，似为早期壁画。西壁与北壁一部分皆绘密宗题材壁画，色泽较新，但作风上不像是后期作品。这部分壁画分为上、下两部分，并以花卉树木等隔成各个独立的单元，每个单元为男、女双人佛，动作奇异、夸张。从人物面相及衣饰看，皆为印度风格，但与白居塔壁画又有较大区别，画面色彩艳丽，技巧精美，在西藏其他地方极为少见。东北部壁画为萨迦派始祖像，场面很大，人物也绘得很密集，人物之间有装饰性很强的树木、云朵等图案。壁画的中间部位，描绘了该派祖师八思巴与元帝忽必烈会见的场面，具有很高的历史价值。

（4）白居寺措钦大殿三层夏耶拉康壁画

白居寺夏耶拉康又称坛城殿，因殿的四壁绘有 51 个大小坛城而得名。殿之东、西两壁各绘 14 个坛城，计 4 大 10 小，排列整齐，北壁绘有 17 个，计 5 大 12 小，排列形式也是十分规整。南壁左、右各绘1大2小，排列形式为大的在上，两个小的坛城在下方。南壁中部窗户两侧的墙面上画有弥勒佛与度母像，色泽较新，似为后期所绘。坛城的外形为圆形，外面有3～4层，分别为护法火焰墙、金刚杵墙、八大尸林、莲花墙。和圆相连接的是方形建筑，一般为6层，用白、蓝、黑、黄、红、绿六色表现护城河与建筑的装饰结构，再里又是圆，在金刚墙包围之中居本尊和他的眷属，其他一切空处满布花草、法器、吉祥物。夏耶拉康的坛城壁画，制作精美，形态各异，白居塔五层的坛城壁画风格与其一致，相传皆出自一个藏族匠之手。《汉藏史集》描写白居寺开光仪式中提到“无量宫的墙壁上充满了珍奇的壁画”，就指的是夏耶拉康的壁画。书中没有提到其他各殿堂的壁画，可见这是全寺壁画的创作时间最早的，与建寺是同时代。这些壁画在西藏极为著名，相传后藏萨迦寺、日喀则扎什伦布寺的坛城壁画皆以此为蓝本，足见它的影响之大。

（5）白居寺措钦大殿大经堂壁画

白居寺措钦大殿大经堂四壁皆绘有壁画，题材为释迦牟尼、燃灯佛、弥勒佛、释迦八大弟子等。佛像画幅较大，一般作跏趺坐或半佛坐，八大弟子多为立像，皆身披袈裟。总的看来，风格显得庄重，与江孜宗山的折拉康大殿内的壁画风格较为一致。现保存的壁画色彩已比较黯淡，剥落的较多，应属早期的作品。经堂后壁、右侧画阿底峡像，旁有巴麦及准的坐像，左侧为宗喀巴大师像，旁有克珠杰、弥勒、布顿等坐像。画面色彩较新，为后期所绘。措钦大殿护法殿壁画创作时代较早，题材多为反映恐怖、狰狞等与藏传佛教密宗的仪轨有关的内容，在整个壁画作品中显得十分独特，也比较重要。后殿前壁壁画，左右两侧分别绘有千手千眼观音与白伞盖像，画面很大，技巧精美细腻。东净土殿壁画四壁皆绘有壁画，西壁绘有无量光佛，南壁绘有弥勒佛，北壁绘有十一面观音像，在主像的左右及下边，绘有供养人及朝拜的众人像，东壁全绘千佛，壁画多为红地黑线，水平一般。其中北壁的观音像比较精美，壁画的色彩较新，估计为后期所绘。二层郎斋夏殿堂的壁画题材皆为佛经故事，画地皆新，不知是新绘还是在旧画上重绘，壁画中有汉官服及清朝人像。二层弥勒殿的壁画多系新绘，北壁绘有药师佛，西壁绘逐马及冬夏佛数十尊，南壁绘无量光佛及达赖、班禅与冬夏佛等。仁定扎仓的壁画题材有释迦牟尼十二化身、度母刹土、观音刹土、宗喀巴师徒三尊、白度母、极乐世界、金刚萨埵等佛像，皆为新作。古巴扎仓壁画题材有释迦牟尼及弟子、宝帐依怙、欲界自在天、吉祥怙主等，壁画从保存情况看，早晚不一，有些壁画在绘法上与白居塔相似。

4. 白居寺泥塑

丰富而精湛的雕刻作品，是白居寺宗教文物、宗教艺术的一项重要内容，主要有金属雕像、泥塑、木雕造像，以及各种作为装饰的圆雕与浮雕。

从目前情况看，这些雕刻全部保存在措钦大殿与白居塔内，早期的作品在其他扎仓中不复存在。这批雕刻在早晚上、艺术风格上形成差异。

《汉藏史集》记载，措钦大殿后殿的大菩提像与十六罗汉像皆出自藏族工匠本莫且加布之手，这批造型规范，略显呆滞，刀法简洁，风格庄重，装饰朴素，具有较高的艺术水平。

东净土殿的观音像与弥勒像，与白居塔的1 ~ 5层主殿主供佛像风格比较一致。面相上为南亚人特征，表情生动温和亲切，衣着与身体饰品等比较繁缛，带有比较重的印度、尼泊尔风格。

措钦大殿一层西净土殿的10尊菩萨立像与20尊供养天女，以及白居塔1 ~ 5层主殿主供佛两侧的菩萨像，风格比较一致，具有比较纯粹的南亚风格。主要表现在呈三道弯式的身姿，衣着与身体饰品上，雕刻具有较高的水平。

措钦大殿一层东净土塑像8尊，二层有郎斋夏殿塑18尊，二层登觉殿塑18尊以及白居塔各教派祖师像46尊风格比较一致。明显特点是高度的写实性，刀法朴素而精炼，人物性格刻划也极为传神，并且具有较高的历史价值。

如一层东净土殿观音像的左侧是赤松德赞、松赞干布等古代藏王像，右侧是加样雪囊、噶玛拉西、白玛桑保、阿底峡等祖师像。阿底峡面貌慈祥，古代藏王则被塑造得面目威严，中部印度祖师像面相极似印度人，而两侧藏族祖师则面相清癯，为典型藏族人面相。二层郎斋夏殿共18尊塑像也生动活泼，在他们之间与前后都塑有各种各样的供养人物，周围影壁上的山岩、楼阁、人物可能是以后加上的，为明初雕刻的精品。

此外，寺庙建筑木雕、四大天王木雕具有较浓厚的西藏本土风格。

装饰雕刻也是寺庙雕刻中一个重要部分，且艺术水平较高。登觉殿的时轮坛城直径约3米，建筑数层，底座为泥质，周围以边花，坛城的中部殿室牌楼及整个外表装饰皆用铜片打制而成，花纹精细繁缛，堪称装饰工艺的杰作。

二层弥勒殿供铜浮雕，皆以繁缛的花卉为地纹，其间饰以人物及大象等动物，人物姿态各异，极为生动。

白居塔五层门楣及佛座装饰雕刻水平很高，尤其是佛座上的动物及花卉雕刻，遒劲雄浑，生气盎然。门楣装饰用大象、狮子、怪兽、天女及各种卷草纹、火焰纹装饰构成，风格独特，这些装饰对西藏以后工艺及审美影响很大。

5. 木梁托与斗栱

早在吐蕃时期，桑耶寺等不少寺院就融汇了藏汉建筑的风格，这一传统一直延续至今。15 世纪修建的白居寺，大殿内的梁托为藏式，上部斗栱为汉式，说明明代西藏寺院建筑已经大量地采用了中原建筑的风格。

附录 4　江孜周边主要寺庙

1. 年措寺（达孜乡）

该寺位于江孜县达孜乡，距县有 34 公里是土路，海拔 3 951 米。于 600 年由年巴丁丁桑布创建，该寺尊奉宁玛派。现有 20 多名尼姑，当时该寺在各方面较为完整，但在“文革”期间完全被毁。于 1993 年群众投劳集资进行了重建。

佛堂门廊阔 3 间，深 2 间，2 柱；经堂阔 3 间，深 4 间，8 柱，佛殿 2 颗柱。院中树一塔经，周围有廊子和僧房围合。

该寺历史上主要文物有古如祖果松像、度母像、顿巴像、唐卡等。

远景

院落

周边

经堂

入口大门

门廊

梁柱

2. 重孜寺（县（市）级文保单位，重孜乡）

重孜寺建于1422年间，由拉尊·仁青加措主持创建，后来七年内措钦扎仓、参民扎仓等逐一创建，信奉噶举派，民主改革之前该寺在各方面较为完整，但是在“文革”期间完全被毁。于1985年政府批准和六世生钦洛桑坚参投资35万元资金，加之群众投劳集资进行重建。距县城有27公里，属于柏油路，路况良好，海拔4 030米。现有11个僧人。

主要宗教活动场所是寺院。佛堂门廊阔3间，深3间，6柱；经堂阔5间，深4间，12柱，佛殿内2颗柱。院中树一塔经，周围有廊子和僧房围合。影响最大的是传统民间活动重孜吉仁（跳神）的宗教仪式。该寺的生钦活佛，影响整个藏区及内蒙古地区。

重孜寺历史上主要文物有：释迦牟尼造像、灵塔等。

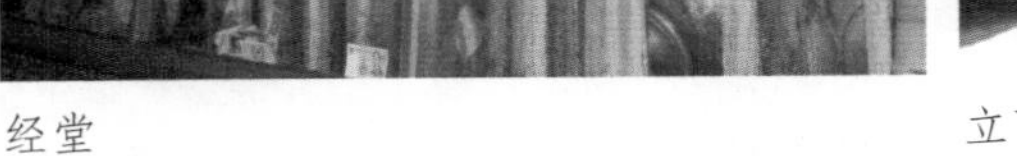

经堂

立面

入口

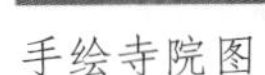

手绘寺院图

外观

院落

原寺院照片

周边

3. 铁觉林寺（重孜乡）

周边

该寺坐落在西藏日喀则江孜县重孜乡斯布村的山谷里，距县城 23 公里，海拔 4 040 米，后靠斯布山，前临重孜河，山坡上绿树成荫，以风景优美而闻名。

此寺前身叫折技叉寺，信奉竹巴噶举派。吐蕃时期，赤松德赞时在此山谷里建有哈多寺，后来该寺的创始人白玛嘎布在哈乡寺的基础上创了折技叉寺，准噶尔入侵西藏时此寺毁坏。

五世达赖时重建此寺，改名为铁觉林寺，教派为红教，主殿供奉白玛嘎布，并有历代传世佛教塑像，此外还有主供阿底峡、千手观音的一些拉康。该寺现存文物极少，有一些早期建筑的木柱头，柱头上部雕有梵文作为装饰图案，下边雕成连珠纹作为装饰，中间为云状图案。此外在建筑废墟四周散布有相当数量的玛尼石刻，时间比较早，技艺娴熟。题材多样，造型各异，具有较高的艺术水平。

该寺尊奉宁玛派，历史上曾有过 100 多名僧人。民主改革之前，该寺在各方面较为完整，但是在“文革”期间完全被毁。于 1987 年由当地信教群众投劳集资进行修复并开放。现有僧人 15 人。

主要宗教活动场所是寺院。佛堂门廊阔 3 间，深 3 间，4 柱；经堂阔 5 间，深 5 间，16 柱，佛殿 2 柱。院外入口树一塔经，周围有廊子和僧房围合。

影响最大的是藏历五月十日的次久庆母（跳神舞）的宗教仪式。

历史上主要文物有：创建人灵塔、释迦牟尼造像、师群三尊等造像，还有传说中莲花生大师点化的圣水。

院落

鸟瞰

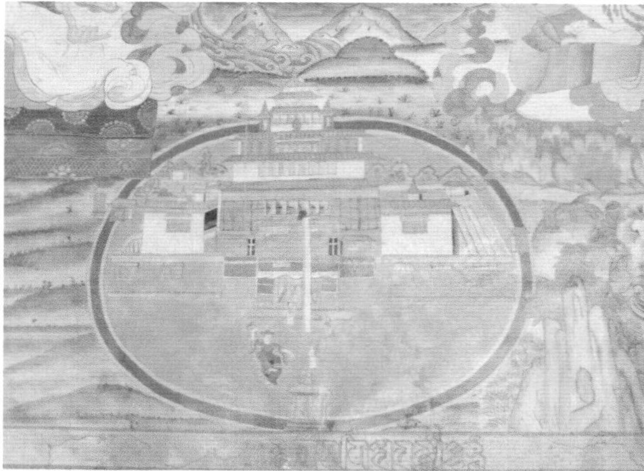

壁画

经堂

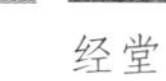

4. 孜金寺（紫金寺，孜金乡）

孜金寺位于江孜县孜金乡，海拔 4 047 米。

孜金寺始建于 1365 年间，由年朗钦帕巴贝桑布主持创建，格鲁、宁玛、萨迦、觉囊派四教并存，位于江孜城以西 10 公里处，曾是明朝时期孜金宗的所在地。寺庙依山而建，规模宏大，在历史上曾有过 500 多名僧人。1904 年 6 月 28 日，英军组织了 200 多名骑兵和 1 000 多名步兵开到孜金山脚下，在大炮的掩护下，呈扇形开始了对孜金寺的进攻。该寺主要佛殿和大部分扎仓皆毁于战火，仅存的三处扎仓又废于“文革”期间。于 1987 年由当地信教群众投劳集资进行重建。现有僧人 17 人。寺里有第四世孜金白康活佛。

孜金寺与白居寺、宗山为江孜三大早期建筑。据《卫藏道场胜迹志》记载，孜金寺曾是娘曲吉·达娃念洛珠和宗巴等高僧们居住过的著名大寺，寺庙不仅规模大，而且建筑雄伟壮观，共有 9 个扎仓和拥有 40 根柱子的大殿，还有 7 个拉康的楼房和 60 间僧舍。这些建筑在 1904 年英帝国入侵时，除宿伯扎仓因引水之物未曾燃起而保存下来以外，其余建筑大部分被烧毁，寺中珍贵财物也均被英军抢劫而去。原寺庙文物众多，计有：高达 4 米、小至 10 厘米的铜制镀金佛像 1 000 多尊、唐嘎、缎绣佛像、金粉书写的《甘珠尔》、蒙古地方和祖国内地以及尼泊尔出产的各种佛事乐器、金银铜质的大小神灯和圣水碗等器皿，还有银制“曼扎”、釉质“唢呐”以及各种缎绣神龛和祭品等，这些也皆被英人抢劫。

主要宗教活动场所是寺院。佛堂门廊阔 3 间，深 3 间，4 柱；经堂阔 5 间，深 4 间，12 柱，佛殿 2 柱。院外入口树一塔经。

历史上主要文物有：释迦牟尼造像、嘎久经书、强久塔、铜色山（唐卡）等。

外观

屋顶

经堂

佛殿

全景

门廊

残垣

山下村落

5. 林布寺（东仁乡）

林布寺位于江孜县东仁乡，海拔4 311米。

林布寺始建于10世纪左右，由班智达·米地擦纳创建，后来由拉尊十三世久美包维于1918年扩建，在民主改革之前该寺曾有过90多名僧人，当时寺庙各方面较为完整，但是在“文革”期间完全被毁。于1985年由国家投资6万元，加上当地信教群众投劳集资进行修复并开放。该寺现有僧人15名，信奉宁玛派，宗教活动影响较大的有次久其母（藏历五月十日）。

主要宗教活动场所是寺院。佛堂门廊阔3间，深1间，2柱；经堂阔5间，深4间，10柱，佛殿无柱，两侧上台阶，中间对经堂开窗。周围有廊子和僧房围合。

历史上主要文物有：莲花生像、释迦牟尼造像等。

环境

远眺

主殿东侧的厨房

原寺庙遗址

主殿与院落

6. 炯堆寺（纳荣乡）

炯堆寺拉于江孜县纳荣乡，海拔 4 750 米。

炯堆寺于 944 年间由莲花生主持创建，该寺尊奉噶举派，在历史上曾有过 40 多名尼姑。当时寺庙各方面较为完整，但是在“文革”期间完全被毁。于 1986 年由当地信教群众投劳集资进行修复并开放。该寺现有尼姑 35 名。

修复较简单，依山势修建，殿堂规模较小，经门廊台阶向上，经堂、佛堂、厨房同在一个建筑中。经堂阔 4 间，深 3 间，9 柱，佛殿无柱。沿山坡有若干僧房分布周围。

历史上主要文物有：多杰强泥像、噶堂金塔、释迦牟尼像等。

外观

经堂

修行洞

周边

7. 色康寺（卡堆乡）

色康寺位于江孜县卡堆乡，海拔 4 043 米。

色康寺于 1330 年由麦隆喇嘛创建，该寺尊奉格鲁派，在历史上曾有过 150 多名僧人，当时寺庙各方面较为完整，在“文革”期间完全被毁。于 1985 年由国家投资 9 万元，加上当地信教群众投劳集资进行修复并开放。该寺现有僧人 7 名。

佛堂门廊阔 3 间，深 2 间，4 柱；经堂阔 5 间，深 4 间，12 柱；佛殿阔 5 间，深 2 间，4 柱，两侧上台阶，中间对经堂开窗，经堂左右两侧为佛殿。北面有一白塔。

历史上主要文物有：吉尊强贵、楚多金佛、如来佛齿，其余还有 10 座大小铜佛。

周边

佛殿

外观

门廊

8. 查珠寺（金嘎乡）

查珠寺位于江孜县金嘎乡，海拔 4 308 米。

查珠寺始建于 749 年间，由莲花生主持创建，历史上曾有过 40 多名僧人，尊奉宁玛派。“文革”期间完全被毁，于 1985 年由当地信教群众投劳集资进行修复并开放。该寺现有 3 名僧人。

该寺依山而建，比较特别的是经堂一半是用大小不等的石块累积而成的半个房屋，另一半就是山间天然形成的溶洞。寺庙并不是很大，但寺庙里面需要沿爬梯向上进入非常深远的溶洞。

历史上主要文物以溶洞为主，壁上有许多天然造像，其形独特，比较神奇。

外观

寺内院中

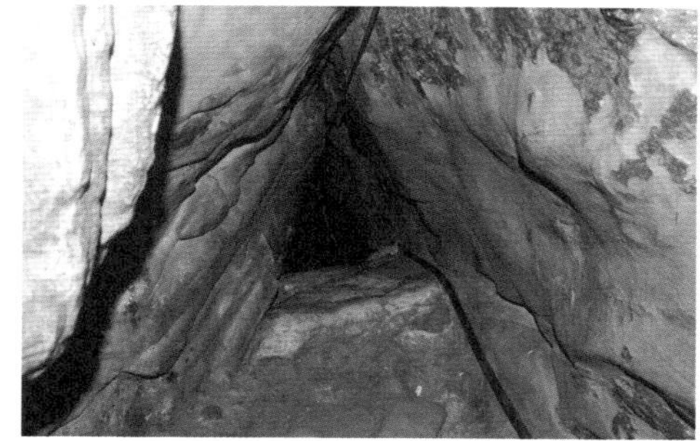

佛殿及溶洞

入门左手佛殿

9. 嘎西寺

细部

窗

雕刻

梁架

外观

入口

外景

图书在版编目（CIP）数据

江孜城市与建筑 / 汪永平，沈芳著 . -- 南京：东南大学出版社，2017.5

（喜马拉雅城市与建筑文化遗产丛书 / 汪永平主编）

ISBN 978-7-5641-6975-6

Ⅰ . ①江… Ⅱ . ①汪… ②沈… Ⅲ . ①古建筑-建筑艺术-江孜县 Ⅳ . ① TU-092.975.4

中国版本图书馆 CIP 数据核字（2017）第 008608 号

书　　名：江孜城市与建筑
责任编辑：戴　丽　魏晓平
装帧方案：王少陵
责任印制：周荣虎
出版发行：东南大学出版社
社　　址：南京市四牌楼 2 号
邮　　编：210096
出 版 人：江建中
网　　址：http://www.seupress.com
电子邮箱：press@seupress.com
印　　刷：深圳市精彩印联合印务有限公司
经　　销：全国各地新华书店
开　　本：700mm×1000mm　1/16
印　　张：12.25
字　　数：227 千字
版　　次：2017 年 5 月第 1 版
印　　次：2017 年 9 月第 2 次印刷
书　　号：ISBN 978-7-5641-6975-6
定　　价：69.00 元